环游世界80种树

图书在版编目（CIP）数据

环游世界80种树/（英）乔纳森·德罗里（Jonathan Drori）著；（法）露西尔·克莱尔（Lucille Clerc）插图；柳晓萍译．—武汉：华中科技大学出版社，2019.12

ISBN 978-7-5680-5822-3

Ⅰ.①环… Ⅱ.①乔… ②露… ③柳… Ⅲ.①树木－介绍－世界 Ⅳ.①S718.4

中国版本图书馆CIP数据核字（2019）第226838号

WOODLAND
TRUST
woodlandtrust.org.uk

乔纳森·德罗里是英国林地信托基金会（Woodland Trust）大使

环游世界80种树
Huanyou Shijie 80 Zhong Shu

[英] 乔纳森·德罗里 著
[法] 露西尔·克莱尔 插图
柳晓萍 译

出版发行：华中科技大学出版社（中国·武汉） 电话：（027）81321913
北京有书至美文化传媒有限公司 电话：（010）67326910-6023
出 版 人：阮海洪

责任编辑：莽 昱 舒 冉
责任监印：徐 露 郑红红 封面设计：邱 宏

制 作：北京博逸文化传播有限公司
印 刷：北京汇瑞嘉合文化发展有限公司
开 本：720mm×1020mm 1/16
印 张：15
字 数：95千字
版 次：2019年12月第1版第1次印刷
定 价：98.00元

华中出版

本书若有印装质量问题，请向出版社营销中心调换
全国免费服务热线：400-6679-118 竭诚为您服务

环游世界80种树

[英] 乔纳森·德罗里 著
[法] 露西尔·克莱尔 插图
柳晓萍 译

華中科技大學出版社
http://www.hustp.com
中国·武汉

目录

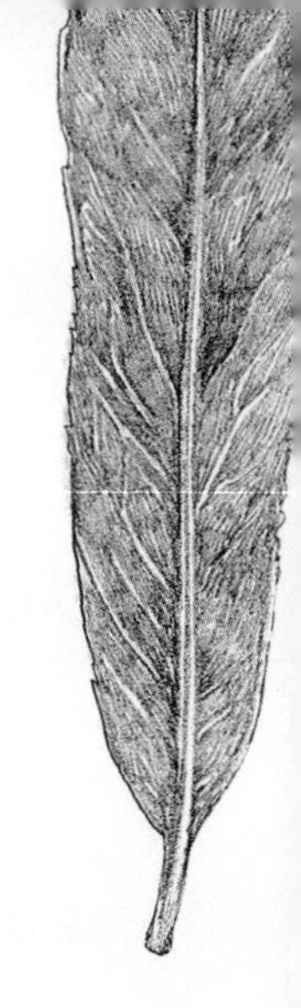

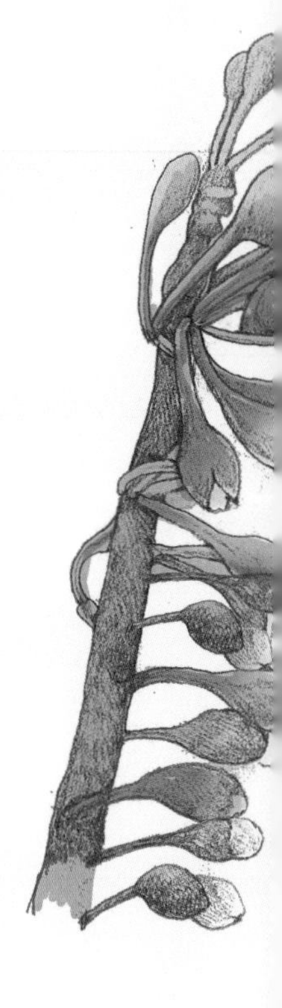

南美洲

墨西哥、中美洲和加勒比海

北美洲

引言

感谢我的父母，是他们用植物学和植物之美启发了我。

我是在邱园（Kew，英国伦敦皇家植物园）附近长大的。我的父亲是工程师，母亲是语言治疗师。他们都热爱植物，也激发了我和哥哥对美与园艺的兴趣。他们告诉我们：这种树曾用来制剧毒；那种树用来做巧克力；这种树可以使地球上纵横交错的通信电缆绝缘；那种树开的花授粉后会变色。我们动用了所有感官去感受树，舔花上的分泌物最好玩，主要是因为当我们告诉朋友的父母时，他们脸上会露出诧异的表情。每一个关于植物的故事都是动物或人的宏观故事的一部分。当父亲给了我一小片花叶万年青（*Dieffenbachia*）时，让我了解到奴隶贸易的可怕之处。在美国，这种植物俗称“哑蔗”，因为它能让种植园里怨声载道的工人舌头麻木、喉咙肿胀。这些经历让我对植物及其与人类的关系产生了浓厚的兴趣。虽然一开始并没有人确切地告诉我们树木具体是什么，但我们一看见它们，就知道它们是树木了。

从事了包含制作科学纪录片的工作后，我又一次回到了邱园，这次是以受托人的身份。我还加入了林地信托基金会（Woodland Trust）和伊甸园工程（Eden Project）董事会，以及世界自然基金会（World Wide Fund for Nature）大使理事会。这些组织都致力于让公众了解大自然。我吸收了更多的专业知识，并与自己的经验相结合。我的TED演讲获得了300万次观看量，这让我意识到公众对交叉学科的植物故事很感兴趣，因此，萌生了写这本书的念头。

除了一些其他附加条件外，从广义上，我们把树木定义为具有高大木质茎的植物。它能吸取自然养分生长，存活数年。植物学家们对树木的高度标准仍有争论，我决定不在这方面制定过于严苛的标准。本书列举的一些树，如荷荷巴树（Jojoba）等，通常呈灌木状。但在合适的生长条件下，它们可以长得更高，证明其归类的合理之处。退一步说，如果灌木不是矮一点的树，那又是什么呢？

世界各地的树木有着惊人的多样性。我们现在知道，世界上至少存在60 000种不同树种。因为树木无法逃离喜欢啃食它们的动物，所以它们制造特殊的化学物质作为一种震慑手段。它们分泌树胶、树脂和乳胶来淹没和毒害昆虫等攻击者，使之动弹不得，也使真菌和细菌避而远之。而这些防御手段给我们带来了口香糖、橡胶和世界上交易时间最长的奢侈品——乳香。像桤木（Alder）这样的树适应了潮湿的生长环境，其木材在水中不易腐烂，威尼斯城就是建在这种木材的基桩上。不过，树木的进化并不是为了满足人类的需求。在数百万年的进化中，它们适应生态是为了保卫自身，确保下一代的生存和繁衍。对环境适应得越好，后代就越多，传播范围就越广。

我认为，最引人入胜的是那些描述植物科学对人类产生惊人影响的故事。可乐豆木（Mopane）和某种蛾的关系为数百万非洲南部居民提供蛋白质食物。莱兰柏树（Leyland Cypress）的杂交是一场罕见的园艺事故，其后果充分说明了英国人的特点和他们对隐私的态度。我为本书选取的80个故事体现了树木的趣味性和多样性，但它们只展示了树木和人类之间无数种互动方式的一小部分。

我现在仍以纪录片制作人的身份参加采集植物和种子的探险活动。就像儒勒·凡尔纳（Jules Verne）的小说《环游世界80天》

的主人公菲利亚·福格（Phileas Fogg）一样，写这本书时，我从位于伦敦的家向东出发，书中的树大致按照这个方向一一呈现，并按地理区域分组。树木深深扎根于土地，与它们生长的地域有着不可分割的联系。每个地方的景观、人和树木之间都形成了不同的关系。英国人对椴树（或称酸橙树）和山毛榉司空见惯，而德国人对这些树的认识却带有一丝神话色彩。在非洲南部炎热干燥的气候条件下，猴面包树必须千方百计地寻找和储存水源。而在中东地区的如火烈日下，吃鲜嫩多汁的石榴果实解渴令人开怀大笑。在原生地和具有生物多样性的北方自然环境中，落叶松展现出对寒冷气候的罕见适应性。而热带雨林潮湿温热的气候培养了复杂的生物关系，比如马来西亚榴梿树和蝙蝠之间的关系。包含桉属植物（*Eucalyptus*）在内的许多澳大利亚树种会分泌树脂和精油来保护自己不被食草动物伤害，而美国夏威夷州的树木则无须长尖刺或分泌特殊的化学物质，因为当地没有食草哺乳动物。加拿大的气候使枫叶在秋季呈现出绚丽的色彩，相比之下，同样的树种在欧洲则颜色单调。

这不仅和地理位置有关，树木与其他生物也有着极其复杂而奇妙的关系。树木们有一些共同点：它们会为了完成授粉要聪明的花招，为了传播种子进行交易，甚至和敌人的敌人结盟。考虑到这一点，我们可以在同一个主题下探讨不同的树种，当然，我们还能建立许多其他联系，采用许多不同形式环游世界。我希望这些旅程和联系能鼓励读者对所见的树木进行思考。

生物之间复杂的关系也是导致全球气候变暖的一大因素。举例说，如果某一年的花比往年开得早，但是这种树木依赖的特定传粉者这个时节却不在，这一物种可能就无法繁殖。继续往下追溯，另一种植物或动物赖以生存的昆虫可能就没有食物了。

在此，气候变化怀疑论值得一提。因为无论是有意还是被误导，对气候科学缺乏信任都会影响许多树种的生存。有些人认为气候变化与宗教信仰或个人观点有关，他们像看待政治或艺术一样看待气候变化问题。但科学的视角截然不同，科学家们提出关于世界的假设，并寻找支持或推翻这种假设的证据。在大规模发表研究成果前，他们会先向其他科学家公布自己的成果，请学术界在研究方法、论据和结论中寻找漏洞。如果研究结果出乎意料，其他科学家会尝试再次实验并得出观察结论，提交论文供同行审议。这一过程耗时长，而且事关专业与荣辱，但这正是科学的特别之处。如果经过同行审议的研究告诉我们，我们正在经历气候突变，而且人类活动在很大程度上正在加剧这一问题，那么我们应该倾听。科学基于假设和证据，而不是基于政治和信仰。人类应该活到老学到老，并对自己的行为做出相应的调整。

观察树木的生长范围和变化只是衡量它们不可估量的价值的一种方式。记忆中令我印象深刻的是关于我家附近一棵壮观的黎巴嫩雪松。一个冬天的早晨，我们发现它死了。由于被闪电击中，它的主干和枝干杂乱地四处散落，有人正在把它锯掉。那是我第一次看见父亲哭。那棵巨大、沉重而美丽的树已经生存了几百年了。我本以为它是百折不挠的，但它并不是。就像小时的我本以为一切永远都会在父亲的掌控之中，但事实并非如此。我记得母亲说过，那棵树上有一个完整的世界。我曾经对此困惑不解。

但其实母亲说得对，那棵树上的确有一个完整的世界，每棵树上都有一个完整的世界。这些树木值得我们赞赏，而且其中许多需要我们的保护。

乔纳森·德罗里

英格兰

伦敦梧桐（二球悬铃木）

Platanus × acerifolia

伦敦梧桐叶子宽大，形似枫叶，树形挺拔，气势雄伟，被认为象征着国家的鼎盛。它的枝干从主干上部开始生长，由于其成熟后的高度和结构特点，它树荫浓密，但不会遮挡住街道的视野。19世纪，伦敦梧桐在伦敦各地广泛种植，用于衬托城市壮观的广场和大道，它是蒸蒸日上的帝国首都的理想象征。当国家仪仗队沿着议会大厦和白金汉宫之间梧桐林立的林荫大道行进，游客们怀着敬畏之心和景仰之情观看这一仪式时，就会油然而生一种感慨：这里是一个强大的工业国家中心，连这里的树都是常青的，多么具有英国特色呀。

可伦敦梧桐不仅是“外来移民”，还是个“混血儿”。拉丁学名中的乘号表示它是一个杂交品种，由美洲桐木和原产欧洲东南部及亚洲西南部的三球悬铃木（法国梧桐）杂交而成。经植物猎人引入，这两种树大约在17世纪末相遇并杂交。不过它们相遇的地点仍然存在争论，不知是在英国、西班牙，还是在法国。

伦敦梧桐是“杂种优势”（Heterosis）的典范。“杂种优势”指的是两个物种或品种进行隔离杂交后，其后代的活力、生长率和繁殖力显著增强。伦敦梧桐就是凭借这种优势，以饱满的热情承担着城市生活的重担。

在种植兴盛时期，它沿着蒸汽泵和工厂周围生长。工厂是19世纪大英帝国引擎，但工业革命对蒸汽动力的使用使伦敦笼罩着黑色的煤烟。很少有物种能在这样被污染的环境中生存，但伦敦梧桐却适应得特别好，因为它有一种特殊技能，能帮助它在被污染的空气中茁壮生长。它的树皮硬脆易碎，并且因为其包裹之下的主干和枝干长势过快，会以婴儿手掌大小的薄片剥落。残留在树干上的斑状树皮分布不均，像军队的迷彩服一样，这也是伦敦梧桐重要的防御手段。和许多其他物种一样，它的树皮上分布着间距为1到2毫米的小孔，称为“皮孔”，起到气体交换的作用。如果这些皮孔被堵塞了，树木就会生病。伦敦梧桐能够通过树皮的剥落除去从空气中吸附的有害物质，从而保护自己这个城市居住者和人类同伴的健康。

时至今日，伦敦市内的树木仍有一半以上是伦敦梧桐。其中，伯克利广场（Berkeley Square）上的那批最为壮观（一位极具远见的当地居民在1789年种下这批树）。还有许多生长在泰晤士河两岸，点缀着壮丽的皇家公园，为这座城市遮挡阳光，净化空气。世界各地的城市规划者纷纷效仿，认为伦敦梧桐对城市环境有益。过去，伦敦梧桐林立几乎是伦敦独有的风景，如今这种景象已经遍布温带地区。巴黎、罗马和纽约都有了它的身影，伦敦梧桐不再是伦敦的特色。

不过，即使是这么威武的树木，也不总是庄严的：秋冬时节，它的枝头会挂满成对的球状果。这种毛茸茸的球状果是鸟类的食物，也是制痒痒粉的原料。在炎热的7月下午，成排的伦敦梧桐是一道壮美的风景，使人们想起伦敦还是世界中心的那些岁月。

英格兰

莱兰柏树（杂种花柏木）

Cupressus × leylandii

莱兰柏树的故事表现了英国人对隐私、园艺还有对阶级的特别关注。19世纪，英国植物猎人从美国俄勒冈州带回耐寒的黄扁柏（Yellow Cedar），从加利福尼亚州带回生长快但生命力较弱的大果柏木（Monterey Cypress）。当时，他们并不知道这会在100多年后造成什么样的混乱局面。这两种针叶树没有亲缘关系，并且它们的原生地相距1600千米，本不可能杂交。然而在威尔士中部，它们被栽得很近，由此有了杂交繁衍的机会。它们的恶魔后代常被称为“莱兰柏树”（Leylandii），是以庄园主克里斯托弗·莱兰（Christopher Leyland）的名字命名的，这场造成重大后果的杂交就是在他的庄园里发生的。

莱兰柏树细而笔直，具有抗盐雾性和抗污染性，生长力惊人，每年能飞蹿1米多，通常可以长到35米以上。如果成排栽种，它们很快就能形成一面茂密的深绿色墙，令人感到压抑。20世纪70年代末期，园艺中心连锁店日益普及，植物繁殖方法得到改进，莱兰柏树得以靠扦插手段稳定地大规模繁殖。直到这时，大家才纷纷种起这种树，而这也正是麻烦的开始。

在英国郊区，虽然家家都有私人花园，但房屋挨得很近，爱打听的邻居和被窥视成了挥之不去的困扰。不过，英国城市规划法规定，房屋之间的人造篱笆不得高于2米。因此，郊区家庭需要一个不在监管范围内的活篱笆，它可以飞快地长成一面异常高大、密不透风的屏障。莱兰柏树完美地填补了篱笆市场的空白。在随后20年里，它成了每个追求隐私的人解决问题的首选方案。到20世纪90年代初期，英国人种的树木有一半是莱兰柏树。

然而，保护隐私也需要付出代价。邻居们发现，在莱兰柏树的遮蔽和酸化作用下，几乎没有植物能在花园里生存下来。住在低楼层的居民愤怒地抱怨，光线永远都是昏暗的，视野也受到影响。雪上加霜的是，莱兰柏树似乎还被“专业园艺家”和高端媒体视为外来者和暴发户的庸俗工具，激发了不同阶级间的矛盾。

到20世纪90年代末期，莱兰柏树篱笆成了轰动一时的话题。媒体热衷报道积下宿怨的邻居因为光线受阻而争吵的新闻。树篱引发的纠纷造成一起自杀，至少两起谋杀。代表树木茂盛的伦敦西郊地区——北伊灵（North Ealing）的一位政客表示，“对于那些更多被仇恨而非隐私需求驱使的人而言，莱兰柏树已经成了他们的武器，就像一支枪或一把刀”。

此后，议会两院一再对莱兰柏树问题进行辩论和讨论。下议院经常回顾这个议题，并郑重地审议了整整22个小时。在上议院，莱兰柏树的议题是由人们亲切地称为“帕克斯的加德纳女士”的特丽克西·加德纳（Trixie Gardner）议员提出的。到2005年，已知共发生了17 000多起邻里树篱冲突事件（而且无疑还有多起没有上报）。这一年，地方当局获权行使《反社会行为令》处理讨人厌的树篱笆。《反社会行为令》（Anti-Social Behaviour Orders）缩写为ASBOs，为英国人熟知，这类对居民行为限制的法令多多少少存在争议，常常不公地和工薪阶层问题相联系。这类问题还包括管教公共房屋的违法青少年，控制比特犬（Pit-bull Terrier）的行为等。说起来，比特犬也是另一个侵略性强且麻烦重重的杂交品种。

到2011年，英国共有5500万棵莱兰柏树，数目极为惊人。如今，这种树的数量几乎与英国的人口总数相同。不过，至少现在英国人在隐私权和光线权上已经达成妥协，虽然只是暂时的。

爱尔兰

草莓树

Arbutus unedo

草莓树原产地中海西部和爱尔兰疾风劲吹的西南部，可能是公元前10 000到公元前3000年间，新石器时代的水手们偶然或特意从欧洲西南部的伊比利亚半岛带回了这一物种。对欧亚侏儒鼩鼱和爱尔兰人的基因分析支撑了这一理论，显然，这种鼩鼱也经历了与草莓树同样的旅程，部分爱尔兰人与西班牙东北部人群存在遗传相似性。无论它们来自哪里，爱尔兰凯里郡的野草莓树看上去都非常迷人，并且充满了异域风情。

草莓树枝繁叶茂，枝干扭曲，属常绿灌木，可达12米高。它引人注目的树皮呈红棕色鳞片状。有时粉红色的茎上开着乳白色或玫瑰红色的花，一次开几十朵就像飘浮的微型热气球一样。这些花带着香气，是罕见的秋季花，令人赏心悦目，在花蜜稀少时节对蜜蜂来说十分珍贵。草莓树的花蜜有苦味，但在伊比利亚半岛很受欢迎，这种树在当地很常见。

草莓树授粉5个月后才结果实，因此壶状花常与前一年授粉结的成熟果实一起出现。虽然叫草莓树，但它的果实不像草莓，倒更像荔枝。它们没有得到广泛栽培，因为虽然果实成熟时收获颇丰，但金黄色的果肉口感干巴巴的，令人失望，味道让人想起桃子或杧果，却又寡淡。草莓树的拉丁学名“*Unedo*”是“*Unum Tantum Edo*”的缩写，这是古罗马自然学家兼评论家老普林尼（Pliny the Elder）起的名字，意思是“我只吃一个”。不过，它的果实成熟到开始发酵时，口感的确还不错，可能是产生了少量酒精的缘故，这也许就是浆果白兰地（Aguardente de Medronho）的灵感来源，这种烈性酒是葡萄牙农民采集野果酿成的。

西班牙首都马德里的市徽刻画了一头小熊伸出熊掌摘草莓树上的果实的形象。根据当地通俗词源，马德里和其标志草莓树的西班牙名字（分别为“Madrid”和“Madrono”）有一个共同的词根“Madre”，意思是“母亲”。虽然几乎可以肯定这两个名字没有关联，但是马德里人把它们联系起来，说明了他们对“母亲树”的喜爱之情。

苏格兰

花楸（欧亚花楸）

Sorbus aucuparia

花楸是极其耐寒的小型落叶乔木，广泛分布在欧洲中部和北部及西伯利亚，也非常适应多风的苏格兰高地。它簇生美丽的乳白色花，花香浓烈，会分泌大量花蜜吸引成群昆虫为其传粉。天气恶劣，昆虫稀少时，它也可以自花传粉。这种方式虽然有近交的遗传缺陷，但总好过没有后代。

初秋时节，花楸细长的枝干被压弯了腰，缀满了豌豆大小的亮橙色或猩红色浆果，每串有20多颗果实（准确地说，它的浆果其实是“梨果”，像苹果一样由花朵膨胀的基部发育而成。仔细观察可看到果实底部有明显的花朵残留部分，呈五角星状）。古时候，花楸的果实被用来做捕鸟的诱饵，在拉丁文里被称为“Aucupatio”，意思是“捕鸟”，它现在的拉丁学名“*Aucuparia*”就由此而来。但是鸟儿并没有被它的名字吓倒，反而被它鲜艳的果实深深吸引。饱餐一顿后，它们会四处排出无法消化的种子，随之排出的还有派得上用场的一团肥料。

这些种子1到2年后会发芽，有时长在地表裂缝和峭壁上，有时甚至长在其他树木凹陷处湿润的碎土屑中。人们认为这种“横空出世的花楸”有强大的魔法，能够保护人不被巫术伤害。

花楸还有另外一种一度被视为魔法的保护能力。它未成熟的果实含有山梨酸，具有抗真菌和细菌的特性，而且对人体相对无害。合成山梨酸及其衍生品现在广泛作为防腐剂应用于食品工业，保护我们不被霉菌侵扰或不被有害细菌感染。

花楸浆果包含防腐成分。海枣树种子（参见第72页）存活了2000年。

芬兰

垂枝桦

Betula pendula

垂枝桦是一个强大的开拓者。它的花粉从柔荑花序中成团迸发到空中，一大堆翅果乘风飘到远处。约12 000年前，随着最近的一个冰河时代解冻，垂枝桦成为最早一批在裸露的新大陆上繁殖的树木。这就是它的原生地范围如此之广的原因。从爱尔兰开始，横跨北欧和波罗的海国家，越过俄罗斯乌拉尔山脉，一直延伸到遥远的西伯利亚。垂枝桦林具有令人印象深刻的生物多样性，叶子落在地表上，循环转化为营养物质被树木的深根吸收，树冠的间隙则慷慨地为其他植物提供生长环境。

垂枝桦悬垂着许多随微风摇曳的纤细枝条，看上去就像芭蕾舞者般优雅动人。菱形树叶呈淡绿色，边缘有锯齿，生长在分布有树脂状腺体的细长枝条上。它异常灰白的树皮是一种适应机制，能够帮助缺乏茂密枝叶遮挡的树干在北方夏季长时间的日照下或大雪的反射下保持低温。幼桦树皮异常光滑，但随着树木成熟，靠近地面部分会长出黑色的厚斑块防止树木起火。加热这些变厚的树皮可提取沥青树脂。垂枝桦的拉丁学名属名“*Betula*”就由此而来，和英文单词“Bitumen”（沥青）有着相同的词根。大约5000年前，当地人把树皮上的树脂当作杀菌口香糖咀嚼，人们曾发现仍然带有牙印的树皮块。

1988年，芬兰人民通过民主投票选择垂枝桦作为他们的国树。这个选择无关它制作纸浆和胶合板的商业用途，无关它作为木柴的优点，而是一种情感表达。白天，白雪皑皑的垂枝桦林构成独特的单色图案，令人目眩和迷失方向。但在漫长寒冷的夜晚里，它们幽灵般的外形在月光下散发出令人毛骨悚然的力量。垂枝桦常常出现在北方民族的民间故事中，许多迷信故事和仪式围绕着它展开。冬末时节，枝芽含苞欲放时，垂枝桦会分泌树液。它的树液被视为早春的滋补品，获取方法十分简单：在树木朝南部位钻一个小洞，插一根管子。流出的液体色泽和味道都像糖水，其中的确含有一些人体必需的维生素和矿物质，不过说它有神乎其神的保健功效，可能言过其实了。

数百年来，垂枝桦因其再生、净化、破除诅咒和巫术的能力受到尊崇。如今，一些芬兰人仍会把垂枝桦树苗作为庇护象征栽种在门口。它的枝条有时会被名为“外囊菌”（*Taphrina*）的真菌感染，导致枝条长出杂乱地分枝，形成乱蓬蓬的巢穴状，被称为“巫婆的扫帚”，在许多文化中与超自然现象相联系。

虽然外囊菌会侵扰垂枝桦并造成生长紊乱，但另一种更为人熟知的真菌却是垂枝桦的好伙伴。树木经常与菌根真菌建立共生关系。菌根真菌与树木的根系相缠绕，并往外延伸形成由极细菌丝构成的大网。这些菌丝网特别擅长从土壤中吸取养分，并以转化为更易吸收的养分运输给树木。作为回报，树木为真菌提供糖分。不同树种与特定的真菌合作。垂枝桦的伙伴是毒蝇鹅膏菌（*Amanita muscaria*），即毒蝇伞。它的子实体（地上部分）呈带白色斑点的猩红色，是童话故事里典型的毒蘑菇。毒蝇伞含有一种致幻剂混合物，这种致幻物的使用衍生出各种萨满教仪式，尤其俄罗斯西伯利亚部落、芬兰北部和瑞典萨米族（Saami）的仪式。人类社会中许多文化都有使用迷幻物的传统。不过，毒蝇伞的致幻成分不会在人体内完全分解，而是会排出体外。因此，饮用其他中毒的人或动物含有毒品成分的尿液就有可能中毒并产生幻觉。这种可能性令人蠢蠢欲动，也成为一种建立社交联系的方式。北方的夜晚的确总是特别漫长，森林里缺少其他作乐方式。不过，所有关于萨满教的故事一般都是从历史上少数几个旅行家那里流传开来，人们不禁怀疑，这种做法是否真的像传说中那样普遍。

与垂枝桦一样，糖枫树也分泌树液，可以制成美味的糖浆。（参见第227页）。

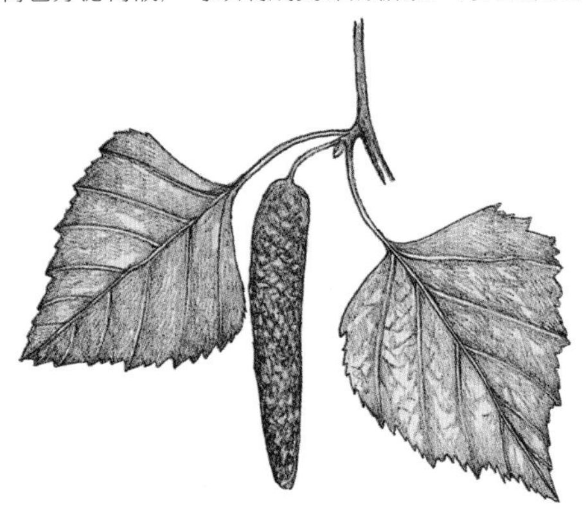

荷兰

榆树

Ulmus spp.

荷兰榆树病和荷兰并没有什么联系，只是这种致死性榆树真菌病的病原体虽说起源于东亚，最早却是在荷兰发现的。巧的是，如今世界上观赏榆树的最佳地点在荷兰，像海牙，尤其是阿姆斯特丹，这里有75 000多株榆树，屹立在运河两岸和道路两旁。

欧洲西部原产的榆树品种都非常美丽和相似。它们通常可达30米高，修长庄重，以多姿著称。末端枝叶繁茂，几个朝上的粗枝上云朵般的密叶随风飘动，这是早期绘画大师钟爱的形象。榆树是落叶乔木，叶子边缘有锯齿，独特的不对称叶形，互生于枝干上部。它们喜光，比起密集栽种，在开阔的野外和灌木篱墙内更易茁壮生长。它们具有抗城市污染和防腐的特性，榆树木材在中世纪时期常用于制造水管。

历史的捉弄使榆树数量骤减。罗马人把一种特定的榆树品种——英国榆（*Ulmus procera*）运到欧洲西部作葡萄藤攀缘架。虽然榆树会长出一簇簇珊瑚红色小花和大量种子，而且它的种子都储存在扁平如薄纸片的果实（翅果）中，能够随风传播，但它们一般不能繁殖。榆树是通过枝条扦插或根蘖繁殖的（根蘖是树木根部冒出的芽）。这样一来，它们都变成了基因相同的克隆树，所有榆树都会受相同的虫害和疾病影响。

20世纪20年代，荷兰榆树病首次爆发，不过很快就平息了。但随后，第二波传染病在20世纪70年代再次来袭，这一次引发传染病的是一种极其致命的真菌——新型榆枯萎病菌（*Ophiostoma novo-ulmi*），引发了一场环境灾难。欧洲和北美地区数以亿计的榆树因此死亡，仅在英国就有2500万株。许多带着“榆”字的街道名和镇名提醒着人们逝去的榆树风景，那些依赖榆树生存的昆虫和鸟类也继而消亡。

这种传染病是通过蛀蚀树皮的甲虫传播的。甲虫身上携带着真菌孢子，因为真菌带有毒素，树木为了防止毒素扩散封闭水分和营养传输系统，所以严重受损。夏初时节，被传染的榆树大批叶子变成黄色，再转为褐色，枯萎后脱落。一棵庞大的树可能在1个月内就枯死。树皮表面看似完好无损，但在树皮底下，会发现甲虫造成的一团团放射状虫洞，透露出树木得病的迹象，触目惊心又美得惊艳。

榆树甲虫只喜欢在粗树干上活动。灌木篱墙内的小榆树苗仍然可以通过根蘖繁殖健康生长，但几年后也会受甲虫侵害。大片的榆树只在小部分地区留存，如英格兰的东南沿海地带（那里盛风，光秃秃的群山形成一道天然屏障，把榆树隔离起来）和阿姆斯特丹，后者要归功于当地人民的不懈努力。荷兰人民先是使用了人工合成的杀真菌剂，但效果甚微，还危害到生态系统的其他生物。效果更显著的办法是，每年春天给健康的树木预防接种另一种无害的真菌，这种真菌似乎能激活树木的自我防御能力。市政府每年为树木接种，并严格监测树木和卫生情况。细心市民会上报可疑信息，连私人土地也要强制进行树木检查，受感染的树木会立刻被砍伐并销毁。每年的榆树传染病率已经控制在千分之一。最终，经过几十年的努力，荷兰已经繁殖出十多种抗真菌榆树品种，目前在阿姆斯特丹和其他地区大量种植。

对来自境外的真菌及其载体的自然抵抗力会很小，因此它们可能造成严重破坏。鉴于国际贸易及相关病虫害活动管控难度极大，我们起码应该尽可能地丰富树种的遗传多样性，这样当最糟糕的情况发生时，大自然就能在人类的帮助下利用各种基因的有利特性重新繁衍。

真菌并不全是有害的。西部铁杉依赖由真菌分解腐烂木材产生的营养物质生长（参见第204页）。

比利时

白柳

Salix alba

在潮湿土壤中种柳树简直易如反掌，折一根枝条，插在湿土中，就这么简单。柳树的根和根蘖向四周延伸，向水源生长。这种天赋可能造成严重破坏：当它探测到管道和下水道上极小的裂缝时，根部就会穿过裂缝越长越多，进而造成堵塞或破裂。不过，当柳树栽种在河岸边时，它盘绕交错的根部可以防止水土流失，还能为野生动物提供保护。

整个欧洲大约有450种柳树，它们频繁杂交，因此有许多共同特征，很容易与其他品种区别开来。成熟的白柳可生长到30米高，垂叶依依，但有时树冠不对称。柳叶细而长，幼叶两面都有柔软被毛。随着叶子成熟，上面的绢毛会脱落。从远处看树木呈银白色，因此得名“白柳”。早春时，花先于叶子出现，纤细的葇荑花序十分引人注目。这些花看起来就像长毛毛虫，带有鸡蛋黄色花粉，吸引着蜜蜂和花艺师。

在英文中，“Willowy”（如柳一般）这个词可用来形容特别纤细而柔韧的东西。从史前时代开始，细柳条就用于编织篮子和捕鱼笼，搭建船架和篱笆。满足贸易需求的柳林曾经遍布欧洲各大水路沿岸。最近兴起的有机艺术品创作，即用新鲜柳茎和柳枝编织成雕塑甚至家具，听上去像是一个噱头，不过有种神奇魅力，与拥有很多传说故事的柳树很相符。

垂柳（*Salix babylonica*）这个品种有个俗名叫“垂泪柳”，这个名字来自对《圣经·诗篇》第137章的误译。经上写道，“我们曾坐在巴比伦的河边，一追想锡安就流下了泪水。我们把琴挂在那里的柳树上”。这里提到的树很可能是胡杨，而不是柳树。但垂柳和悲伤的联系就此挥之不去。中世纪时期，戴上用柳条编成的花环表示哀悼的做法在整个欧洲盛行了数百年，至少流行歌曲的歌词是这样写的。后来，柳树的悲伤含义又进一步扩展，象征被情人抛弃。英语中“wear the willow”则可意为“被抛弃”或“失恋”。在现代荷兰语中，把香烟挂在柳树上表示戒烟。

历史和传说把柳树和悲伤联系起来，而根据化学原理，柳树却与缓解身体病痛有关。古埃及人很早就用柳树来治疗发烧和头痛；约公元前400

年，希腊名医希波克拉底（Hippocrates）用柳树皮来治疗风湿病；中世纪时期，欧洲有许多用柳树有效治疗发烧的病例；还有一种广为流传的缓解牙痛方法，把一片柳树皮插入牙龈和牙齿之间。我们现在知道，柳树皮中含有大量的水杨酸，这种化学物质在人体内能够转化成具有镇痛和退热效果的物质。在前面提到的治牙痛方法中，第二步是把嘴里的树皮取出再贴回柳树上，这样能够把牙痛带走。不过，因为有水杨酸，即使没有这一步，“魔法”也会奏效。19世纪中期，水杨酸终于被提取出来，制成现在用于退烧和止痛的常见药物，这种药每年的服用量约有1000亿粒，这就是阿司匹林。阿司匹林（Aspirin以另外一种含有相似化学成分的植物命名，即绣线菊，拉丁学名为*Spiraea Salicifolia*）。

柳树的亲水源性使它们能够在低地国家大量繁殖，成为这些国家的一道风景。不过，为了保持景观，人们不会任它们自然生长，而是会进行修剪。它们的树冠每年都会被大幅修剪到只有几米高，导致树干生长出很多巨大的节结，长枝条从树干上抽芽疯长，形成浓密的树冠。数百年来，人们一直栽培柳树来供应木材，并把它们作为独特的边界标记物。柳树和荷兰有着千丝万缕的联系，被伦勃朗和凡·高多次绘入画作。在比利时，人们认为白柳象征着这个国家的人民，坚强自制，不会轻易被打倒。

柳树依水生长。而树木可以将水分向树冠传输的最大距离是多少呢？（参见第207页）

法国

欧洲黄杨（锦熟黄杨）

Buxus sempervirens

黄杨植株低矮，小叶常绿，耐修剪和盘曲，是理想的造型树。它原产欧洲南部，从大西洋到高加索山脉都有它的踪影，现在于法国、西班牙比利牛斯山脉和英格兰南部最为常见。在这些地区，住在郊区的树木造型师特别钟情奇形怪状的树型。法国人尤其喜欢花园里秩序井然，因此从阿尔比（Albi）到凡尔赛，每座大教堂和大城堡内都种满了呈几何图形排列的低矮黄杨。黄杨的园艺用途由来已久，英文中“Topiary”（树木造型）一词来源于罗马词“Topiarius”，指的就是用黄杨打造微型观赏景观和动物造型的园艺造型师。

黄杨花很普通，但对于花的味道褒贬不一。有人认为它让人想起松香和乡村童年时光，有人则认为它更接近猫尿味。亚里士多德在其著作《奇闻录》（*Mirabilia*，此书作者目前尚存疑）中形容黄杨花蜜味道浓烈，但他知道这种花蜜很危险：“人们说它会让健康的人发疯，但也能使癫痫病人立即痊愈。”现在我们知道不能食用黄杨花蜜，因为它含有各种生物碱毒素。

黄杨生长十分缓慢，是欧洲最重的木材。它的年轮分布密集，因此其木材色泽均匀，纹理细腻，质地坚硬。由于集这些优点于一身的树并不常见，因此19世纪下半叶，黄杨成为雕版的首选木材，用于印刷带插画的书籍和报纸，这是一个大产业。19世纪70年代，欧洲有数百家公司专门从事雕版插画印刷（有趣的是，甚至还有一些雕版印刷展示了用黄杨做雕版的过程）。当时，黄杨木不得不从远至波斯的地区大量进口，因此这种木材的储备量不可避免地逐渐减少。为了找到替代品，人们测试了数十种木材，但都失败了。幸好后来胶版印刷、铜版印刷等其他印刷技术取代了雕版印刷。

黄杨还与音乐及艺术相关。古埃及人用它制作里拉琴（Lyre），由于它性能稳定，适合精确加工和钻孔，因此数百年来一直被用于制作双簧管和竖笛等木制乐器。

德国

椴树（欧洲椴）

Tilia × europaea

在北美地区，椴树统称“Basswood”，这个名字来源于英文单词“Bast”，指的是椴树内树皮，它常用于制作绳索和垫子。不过在欧洲，椴树的浪漫和怀旧色彩更浓。德国村落中心通常会栽一棵椴树，它是村民集会的地点和村落的心脏。中世纪时期，法律判决是在椴树下做出的，因此“椴树下”（Sub Tilia）成了真理得到维护的象征。椴树还和日耳曼文化中象征爱情、春天和生育能力的女神弗雷娅（Freya）有关，它的树荫是童话故事里骑士和少女约会的地点。如今，德国人仍会深情地回忆在椴树下的初吻，即使他们并未这样做过。普鲁斯特（Proust）在小说《追忆似水年华》中就曾描绘过这种情感，当叙述者把一块玛德莱娜点心泡到椴花茶中时，不由自主地触发了一连串的回忆。

椴树十分结实，可以茁壮生长上千年。它能轻易地长到40米高，雄伟的树干随着年岁增长日益粗壮。它那生长迅速的繁枝上覆盖着浓密的心形叶，花为乳黄色，被广泛用于制作具有舒缓作用的花茶。在德国中部，椴树被栽种在美丽的道路两旁，夏季为人们提供芳香的浓密树荫。6月时，流连在椴树林中简直令人陶醉。蜜蜂也会被它的花香吸引，它们酿出的白色椴树蜜味道浓郁，带着清新的木香味，还有一丝薄荷和樟脑味。不过，这种花蜜有种特性：它含有一种名为甘露糖的糖类，吃多了会头晕目眩。所以，椴树脚下的地面上常常躺着一些晕晕乎乎的蜜蜂。

椴树上寄生着分泌蜜露的蚜虫。这种蜜露是蚂蚁喜食的糖水，却令城市车主头疼不已。蜜露呈小水滴状滴落在汽车上，导致汽车很快就会粘上灰尘。昂贵的奔驰和宝马车停在柏林最著名的林荫大道——椴树下大道（Unter den Linden）上，常常因为两排椴树遭殃。但即便对爱好秩序的德国人来说，灰尘也不过是为了满足强烈的情感诉求付出的一点小代价罢了。

吹哨荆棘（参见第95页）和蚂蚁的关系也很有意思。

Unter den Linden

德国

山毛榉（欧洲水青冈）

Fagus sylvatica

山毛榉高大挺拔，在中欧和西欧地区十分常见。它的叶子密被柔毛，边缘呈独特的波浪形。幼叶呈浅黄绿色，成熟后颜色变深。层层叠叠的叶子形成浓密树荫阻碍耐阴性弱植物的生长，因此，近地面处没有灌木的山毛榉森林异常宁静。在秋季，山毛榉结出的坚果（或称“壳斗”）可供许多动物食用。在饥荒时期，人也曾食用它们。山毛榉的属名“*Fagus*”，就来源于希腊语中“吃”一词。

山毛榉树皮光滑，即使老树也是如此。橡树等树种的树围会增大，老树皮就会开裂，形成深深的裂纹。而山毛榉的树皮可以向外扩展适应生长，表层还会不断以小碎片状脱落，从而保持平滑。

德国人迷信山毛榉能够抵御闪电。不过这确实有科学的解释，闪电击中相似高度的不同树种的概率通常是相同的，但山毛榉受到伤害的概率更低一些。这是因为光滑的山毛榉树皮很容易被雨水淋湿，所以当闪电来袭时，电流极易传导到外部，造成的伤害很小。相比之下，橡树或栗子树干燥粗糙的树皮会使电流导向更湿润的树心，使里面的水分剧烈地沸腾，将树木撕裂。另外，在野外单株橡树比单株山毛榉更常见，因此它们更容易被闪电击中。

山毛榉光滑的树皮和书写有着很深的渊源。罗马诗人维吉尔（Virgil）表示自己曾在山毛榉树皮上雕刻涂鸦，而撒克逊人和其他早期日耳曼人则在山毛榉木板或树皮板上雕刻符文和其他铭文。早期皮纸书籍的封面和封底通常是山毛榉木板。随着时间推移，在许多语言中，山毛榉的名字和“书面文字”画上了等号。例如在德语中，山毛榉被称为“Buche”，而书籍被称为“Buch”，字母表中的字母被称为“Buchstaben”，其字面意思就是在山毛榉木板上做标记。中世纪时期，欧洲的写字台通常是用山毛榉木打造的。在谷登堡（Gutenberg）发明欧洲活字印刷术之前，作为早期的印刷实验，人们在山毛榉树皮上雕刻字母。如今，山毛榉树上常常刻满了爱心和丘比特箭，这些伤疤满足了人们示爱和涂鸦的双重需求。

乌克兰

马栗树（欧洲七叶树）

Aesculus hippocastanum

马栗树如今在原生地希腊和巴尔干半岛中部较为罕见，但由于几个世纪以来一直受到景观园艺师和城市规划师的青睐，它在温带地区城市公园和街道上十分常见。

在乌克兰首都基辅，19世纪早期兴起的马栗树种植热潮从未消退，旅游宣传手册自豪地宣称，这里是欣赏马栗树的最佳胜地。这种说法倒也名副其实，这座城市到处都有它们的踪迹。马栗树有结实的主干和枝干，呈典型的钟形轮廓。到了5月，被黏稠树脂覆盖的饱满枝芽长出5到7片呈扇形分布的叶子，怒放出一簇簇烛光般的繁花，吸引着游客和传粉者。传粉时，蜜蜂将包含雄性生殖细胞的花粉从一棵树运输到另一棵树上，收获提供能量的花蜜作为回报。当蜜蜂采完花蜜，花就会从黄色变为橙色，再变为红色，向辛勤的蜜蜂发出信号，告诉它们该到别处忙碌了。这是种神奇的共生关系，让树木能够集中精力为仍需传粉的花朵制造花蜜，而蜜蜂可以避免不必要的奔波。

马栗树坚硬的种子是从内壁柔软的多刺外壳中脱落出来的。它的种子油光发亮，呈栗褐色。在英国，被这种果实吸引的孩子们会玩一款“栗子”游戏。玩伴们会在果实上刺一个洞，把它穿在鞋带上，然后轮流试着用自己的栗子击碎对手的。玩这种游戏的一大关键是，必须就得分规则进行极其复杂的协商，比如，要是鞋带缠在一起该怎么算分？另一个关键是，绝不松口承认自己偷偷烘烤或腌制过栗子（这样栗子壳会变得更坚硬）。

马栗树让人想起欢乐的童年时光，但同时也让人回忆起欧洲最黑暗的时刻。第二次世界大战期间，当犹太女孩安妮·弗兰克（Anne Frank）躲在阿姆斯特丹的阁楼里时，透过窗户，她看到一棵马栗树。《安妮日记》里写道，冬季光秃秃的树枝到了春天一定会枝繁叶茂，这给了她希望。不幸的是，她被出卖了，没能活下来。2010年，这棵树枯死了，但它的种子长成的小树苗被分发出去，成为乐观精神的灯塔，鲜活地象征着社会相互理解和尊重多样性的美好愿望。

葡萄牙

软木橡树（欧洲栓皮栎）

Quercus suber

软木橡树成熟得很慢。它是低矮常绿乔木，枝叶繁茂，枝干扭曲，能轻松地存活250年，在野外生长能形成巨大的树冠。春季时，树上开满一串串精美的黄色小花，与墨绿的叶子相映成趣。和冬青一样，它叶缘有锯齿，但更柔软，而且常常带有绒毛。

这种树需要生长在冬季湿润夏季炎热的近海地区，通常位于地中海西部附近山坡低处。从大西洋沿岸到意大利，从阿尔及利亚到突尼斯，软木橡树林的覆盖面积约有26 000平方千米。不过，世界上过半软木橡树来自葡萄牙，其余大部分则来自西班牙。

软木橡木材并无过人之处，但它厚厚的树皮很特别。据古罗马自然学家老普林尼记载，他那个时代的罗马女性喜欢穿隔热、轻盈还能增高的软木底凉鞋。实际上，软木橡树的隔热功能是为了保护树木免受火灾而进化的。因为隔热效果非常好，美国国家航空和宇宙航行局（NASA）把它作为航天飞机油箱的保护材料。当然，它最常见的用途还是做葡萄酒瓶塞。

软木橡树皮可以保护树木不被真菌和微生物侵害。它的树皮隔离效果非常好，甚至能够隔绝空气，并且是惰性材料。其他未经加工的天然植物材料无法像它这样，与这么多物质接触却不产生化学反应。它可以阻隔水、汽油、油和酒精，细胞能够在承受重压的同时保持弹性，非常适合紧紧地塞入瓶口。还有一个意外的好处是，软木塞的切面有许多微小的孔洞，挤压形成的微小真空能够防止软木塞从光滑的玻璃颈部滑落。软木塞在古代希腊和罗马的两耳细颈酒罐上就有使用了，但很多人认为它与红酒的“天作之合”是17世纪著名的酿酒师佩里尼翁修士（Dom Pérignon）促成的。现代英语中，软木橡树名为“Cork Dak”而酒瓶塞则是“Cork”。

难得的是，软木橡树皮的再生能力很强。20年树龄的树就可以开始收割树皮，之后大约每10年可收割一次。春末夏初，树皮可以轻易地与树体分离，这时就可以从树干（可到高约2.5米处）和大枝干上剥下树皮。这是一项熟能生巧的工作，下斧必须果断，否则会消耗大量体力，但是力度又不能太大，否则就会伤到内层树皮，阻碍再生。一棵树龄适中的树可以出产100多千克树皮，能制成非常多软木塞。接下来是制作塞子的浪漫过程：在加压蒸汽下，把树皮煮沸后清理、切割、修整，然后压平，再用一个巨大的高精度打孔机在每块树皮上打出一个个软木塞，运往世界各地的酿酒厂。树皮剥落后的数周内，暴露在外的树干会从淡棕色变成浓烈的暗红色，从光滑变为粗糙。没有了树皮的软木橡树看上去光溜溜的，给人感觉怪怪的，就像在海里戏水的英国人，把裤腿卷起来，露出底下被太阳晒伤的腿。

软木橡树还是“蒙塔多”（Montado）这种独特的可持续混合农场系统的组成部分。这种农场种植软木橡树，绵羊、火鸡和猪都是吃橡子长大的。和许多用传统方式管理的栖息地一样，蒙塔多农场内有许多稀有和濒临灭绝物种，如伊比利亚猞猁、白肩雕、黑鹳、斑尾林鸽、鹤、雀等，以及这些动物捕食的小动物。

不过可惜的是，这种生态平衡的农场系统现在岌岌可危。葡萄酒偶尔会因为一种叫三氯苯甲醚的化学物质产生霉味。人的鼻子对这种味道非常敏感，即使一杯酒中只含有极微量的三氯苯甲醚，非专业人士也能察觉到。据20世纪80到90年代的报道，曾有大批葡萄酒因为劣质软木塞而受影响（带木塞味），所以一些酒商因此开始使用人工酒瓶塞。如今，大家更了解软木塞的生物化学反应，对生产过程把控更加严格，软木塞几乎不会再影响葡萄酒的质量，但许多生产商已经喜欢上螺旋盖和塑料酒塞。这真是太可惜了，因为蒙塔多生态系统的存亡取决于它供应软木塞的价值。如果没有软木塞需求，经济压力将难以承担。所以如果喝葡萄酒，请选择软木塞装的，这样你还能享受到保护生物多样性和支持生态和谐生活方式的快乐。干杯！

密花石栎（参见第203页）的橡实一直是动物和人类的重要食物。

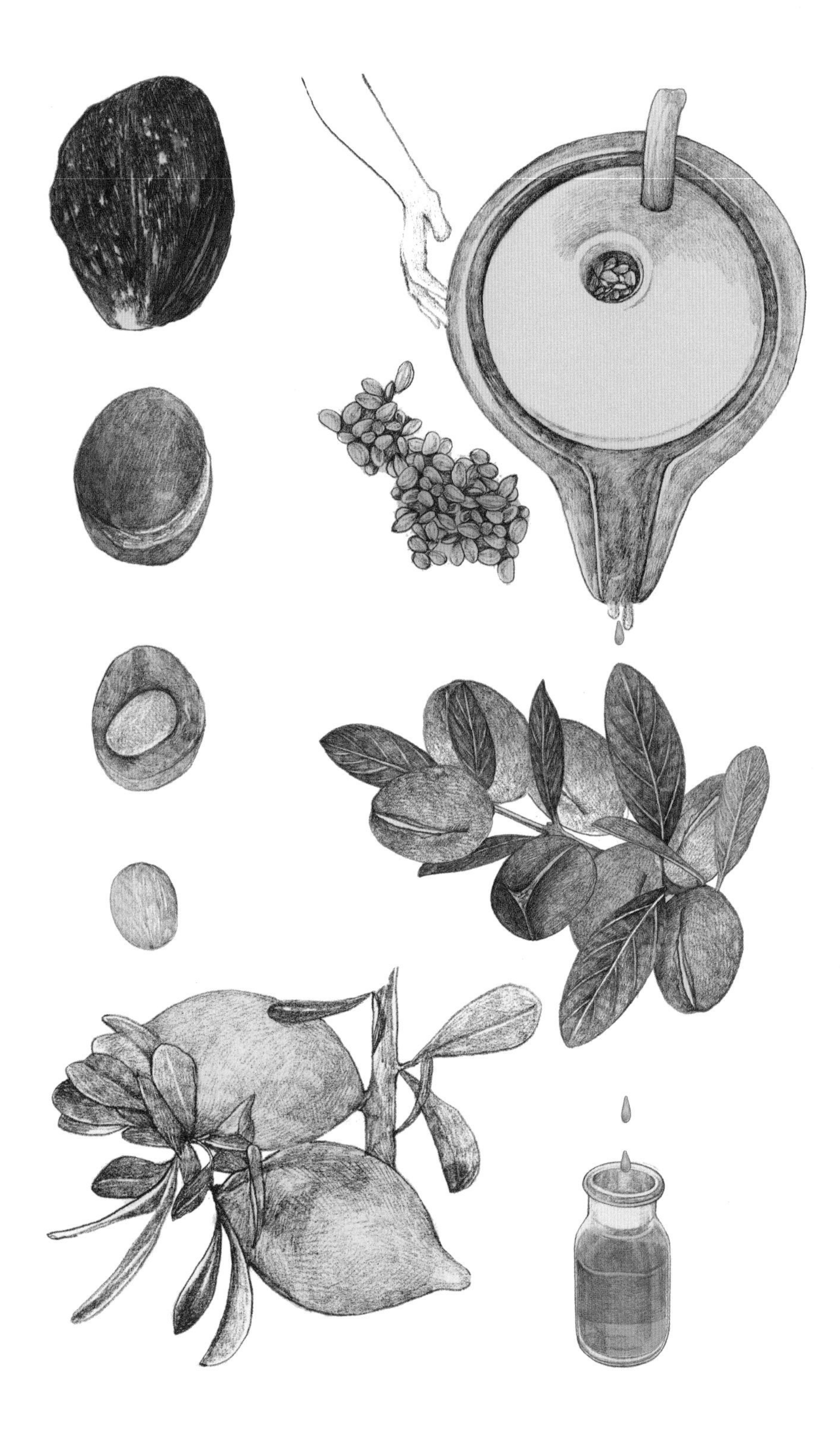

摩洛哥

摩洛哥坚果树（刺阿干）

Argania spinosa

刺阿干生长于摩洛哥西南部和阿尔及利亚部分地区，它的深根能够固化干旱土壤，是对抗撒哈拉沙漠的最后一座堡垒。它是典型的半沙漠树种，小型革质叶表面粗糙，生长缓慢，树上长满了刺，能够很好地抵御饥饿的食草动物。这就让山羊高高站在树枝上的场景更加令人惊奇了，或者说离奇，甚至荒诞可笑。树上肯定长不出山羊吧？原来，这些敏捷的动物已经学会避开刺阿干的刺，而且它们看中的不是它的叶子，而是果实。

刺阿干果呈金黄色椭圆形，大小和小李子差不多，有的一端稍尖。它那苦涩的厚果皮包裹着散发香味的果肉，但味道酸涩得让人咧嘴，至少对人类来说是这样的。果实中心是一颗非常硬的坚果，保护着一两颗富含坚果油的小种子。摩洛哥坚果油可用于食品和化妆品，它可是当地的经济支柱，养活了300多万人。

盛夏时分，刺阿干果变干，变黑后落到地上。要榨取坚果油，就要先采集果实，包括山羊排泄或吐出来的剥干净的果核。因为沾染山羊味的果实在海外市场不太欢迎，所以成群的柏柏尔（Berber）妇女手工把果核取出来（当然，她们会把果肉喂给山羊吃），然后敲碎果核取出种子，通常用两块石头敲开（这一过程正迅速被现代磨坊取代）。她们把种子磨成糊状，然后揉搓榨取油。这种油可以替代橄榄油，适用于地中海国家的所有烹饪用途，也是制作“阿干油杏仁酱”（Amlou）的原料——这是一种用阿干油、杏仁粉和少许蜂蜜制成的蘸酱。在当地，这种油还被用来治疗皮肤和心脏疾病。作为一种健康的色拉油和护发产品及抗皱面霜原料，它在富裕国家很流行（而且价格昂贵）。

人类、山羊和刺阿干之间的关系十分复杂。坚果油出口带来的额外收入对刺阿干不一定有利。因为生意一旦繁荣起来，该地区盛行的财富储备方式是养山羊。虽然刺阿干上的山羊很滑稽，但当树上聚集太多山羊时，它们的注意力会从果实转移到叶子上，从而对树木造成更大的伤害。

西班牙

冬青栎

Quercus ilex

冬青栎产自地中海北部沿岸国家，在西班牙尤为常见。它高大结实，冠如华盖，枝繁叶茂，炭灰色的树皮开裂成不规则小块。椭圆形叶子和冬青相似，因此得名。冬青栎在幼时有刺，叶片正面颜色明显较深，并且常绿，这在栎树中并不常见。新叶长出2年后老叶就会脱落。它的树叶很好地适应了干燥的气候，每片叶子背面都有一层暖灰色毛毡，上面密被着绒毛，既能反射光线，又能保存叶片周围的空气，减少蒸发。

春季，冬青栎上长出一穗穗金黄色葇荑花序，6个月后会结出橡实。有些树，比如柳树和桦树，每年产出的种子数量大致相同，种子乘着风飘散到四处。其他树，特别是那些种子较大的，可以吸引饥饿松鼠，比如山毛榉和栎树等，则实行另一种策略。在歉收的“荒年”里，它们只产出少量种子。隔一段时间后，周围所有的树木常常彼此同步，在所谓的“丰年”里获得大丰收。冬青栎等栎树这样做是为了让捕食者一次吃个够，确保即便松鼠敞开了肚皮吃，也能剩下足够种子发芽生长。如果它们每年都产出数量相同的橡子，捕食者种群数量就会做出相应调整，这样就不会有幼苗存活。“丰年”的压力很大，大多数栎树会储存前一年的营养物质，准备鼓足干劲生产橡子。冬青栎则会在“丰年”里额外长出大量叶子，为更多的橡子提供营养，因此它的枝叶会变得更加茂密。接下来的季节里，它需要恢复精力，橡子减少，落叶越来越多，年轮距也更窄。

冬青栎橡子是黑伊比利亚猪的饲料，著名的西班牙伊比利亚火腿（Jamón Ibérico）就是用黑伊比利亚猪做的。这种猪每天吃6到10千克橡子，能够灵活地去除橡子的壳斗等难以消化的部分。在美食的另一个方面，西班牙科学家最近展示了一种从冬青栎橡子中提取的物质，这种物质能让肉饼在烹饪、冷藏和二次加热后保持风味。

法国

甜栗（欧洲栗）

Castanea sativa

甜栗原产阿尔巴尼亚和伊朗地区，因为果实美味，富含淀粉，在地中海沿岸已经有2000多年的种植历史。栗子的营养成分和小麦相似，可以磨成粉或作为粗粮。因此历史上，它曾经是欧洲许多地区的主食，特别是地势不平、谷物种植困难的地区，如法国的赛文山脉（Cevennes）、意大利阿尔卑斯山脉山麓地带，尤其是多山的科西嘉岛。

甜栗是落叶乔木，如果任其自然生长，可以达35米高。它树干结实，高大粗壮。树皮呈红褐色，通常有深深的纹路，呈螺旋状向上分布。叶子宽大，叶缘有粗齿，小花簇生在细长的黄色穗状花序上，散发出栗子蜜的味道。栗子蜜有一种特别的苦味，并不是人人都会喜欢。甜栗在秋季成熟。戴着手套，小心翼翼地剥开它用来防松鼠的多刺、浅绿色外壳，里面亮晶晶的棕色宝石就会露出来。壳内只有一颗栗子的最适合食用，那些有2到3颗较小的果实可以用来喂动物。在科西嘉岛和赛文山脉地区，人们把栗子磨成粉之前会先烘烤并裹上焦糖。

栗子林是需要大量干预的人工景观。栗子树常常被修剪成低矮宽阔状，通常被嫁接到能结果实的耐寒品种上。光在科西嘉岛可能就有60种栗子品种，这种多样性是应对气候变化和防治病虫害的重要保护手段，对异花授粉也至关重要。为了丰产，必须爱护和照料这些树，进行嫁接和修剪，同时还需要保持地面整洁，防止杂草蔓延。不过，辛勤的劳作是值得的，当地村庄种植的一排排品种各异的栗子树增添了风土人情，给居民们带来归属感和自豪感。

一波又一波外来者都曾试图指导科西嘉人如何生活。从中世纪开始，热那亚统治城邦就下达法令，希望科西嘉岛上的半游牧民族定居下来，命令人民种植照料栗子树，提高生产效率，最重要的是缴税。科西嘉人接受了栗子树，但他们创造了“栗林”（科西嘉语称“Castagnetu”）文化体系来适应当时的社会关系。在这种体系下，土地仍为集体所有，羊和猪则由栗子林周边的村庄管理。

到18世纪中叶法国人接管科西嘉岛时，这种体系已经成为科西嘉人身份认同的核心。法国人低估了让栗子树保持高产量所需的劳动，认为这种树是这座岛经济低迷，甚至道德水平低下的罪魁祸首。尽管这种栗林体系实际上养活了当时欧洲人口密度最大的地区的人民，而他们却认为栗林体系是科西嘉人偷懒的借口，试图强行推行谷物生产。科西嘉人只得再一次调整生活，建立了一个全方位体系来耕作土地，同时适应栗子树和谷物、人和动物之间的需求。这个体系需要集体智慧和长期规划，其成果造福了子孙后代。

第一次世界大战榨干了科西嘉岛的劳动力。一些栗子树被砍伐，还有一些死于真菌疾病。现在，栗林体系再次成为抵抗外来力量的象征。自20世纪80年代以来，这一体系和核心的栗子树得到了当地人民的大力支持。

略带甜味的栗子粉一直被用来制作栗子粥。这种粥比玉米粥更美味，带有更浓的泥土芳香气息。它也可以用来制作一种脆脆的扁面包，但是由于栗子缺少麸质蛋白这种黏合剂，所以这种面包缺少弹性。栗子粉还能用来制作彼得拉啤酒（Pietra Beer），这是一种非常可口的饮料，但遗憾的是，它缺乏真正的栗子味。此外，甜栗子奶油酱（Crème de Marrons）和可丽饼（Crêpe）简直是天作之合。

另一种带苦味的花蜜是草莓树（参见第17页）花蜜。

意大利

挪威云杉（欧洲云杉）

Picea abies

挪威云杉的原生地覆盖欧洲北部大部分地区、中部及南部山脉。它是一种金字塔状针叶树，树干呈灰褐色鳞片状，球果呈长圆柱形。通常挪威云杉能长到50米高，但是较低处的枝干大约20年后会下垂。它的主干可以存活400年。枝干与地面接触后有时会生根形成新主干，这个过程称为“压条繁殖”。正是因为这种现象，瑞典达拉纳地区有一棵“世界上最古老的树”（Old Tjikko），经过放射性碳素测定，其树根系残余部分已有9500多年历史，而它现在的主干精神矍铄，只有几百年的历史。

如果请你想象一棵典型的圣诞树，那么你想到的很可能就是挪威云杉。实际上，为了答谢战争期间的援助，挪威首都奥斯陆每年都会向美国纽约、华盛顿及英国伦敦分别捐赠一棵挪威云杉，在节日期间屹立在每座城市的中心广场上。不过，挪威云杉给我们带来的最感人的时刻，不是因为它是节日里引人注目的装饰品，而是因为它的木材音色，世界上大部分最珍贵的弦乐器的音板都是由它制成的。

我们听到的所有声音都是由空气振动产生的。但一根弦振动的声音小得几乎听不见，因为它划过空气时只产生极小的音量。要制造乐器，我们需要音板来传递琴弦或弓弦的能量，形成更剧烈的空气振动，让声音可以被人们听到。质地坚硬的材料能做出最好的音板，因为它们可以更高效地在分子之间传递振动。声波通过弹性大的材料时，能量会有所损耗。因此，音板的密度也不应过大，否则让分子运动起来需要太多能量，会对声音形成阻尼作用。许多其他因素也会影响音色和乐器特性，比如木材的纹理走向、细胞壁大小，甚至漆料工艺等。

挪威云杉并不是一种很重的木材，就其重量而言，它的硬度非常出众。这种极不寻常的组合意味着，一块2到3毫米的挪威云杉板传播的声音比任何其他木材都更稳定和响亮。不过，并非所有挪威云杉都是一样的。在高海拔、土地贫瘠、低温环境下，它生长得会特别缓慢，因此木质会更坚硬，使小提琴的音色变得更铿锵悦耳。最特别的吉他、小提琴和大提琴，即那些音质美妙得无与伦比，令听众大为赞赏的顶级乐器，其音板都是用生长缓慢的高山云杉制成的。

当制琴师斯特拉迪瓦里（Stradivari）和瓜尔内里（Guarneri）需要音色上乘的木材来制作高档小提琴时，他们选用了位于意大利阿尔卑斯山脉的挪威云杉，距离他们在意大利克雷莫纳的工作室只有一天的路程。这些17到18世纪的乐器如此特别的原因是，它们使用的挪威云杉生长于始于15世纪并持续数百年的“小冰河时期”。在这段太阳活动低潮时期，异常寒冷的天气导致原本就不慌不忙的阿尔卑斯云杉进一步放慢了生长。它们的年轮间距特别窄，因此木材坚硬稳定，为制作小提琴的黄金时代打下了基础。

随着克雷莫纳（Cremona）周围森林的消失，现在大部分制琴木材供应来自瑞士，在那里，为小型家族企业工作的采集者寻觅节疤最少、生长最缓慢的“共振树”，在寒冷的休眠期砍下树木，通常是在新月出现之前。可以砍伐的树木数量有严格限制。木材经过砍伐并锯成块后，会以极慢的速度风干，风干时间为10年以上。风干后，用手指轻轻敲小提琴大小的薄片，会发出清澈的声响。声音越清澈，木材的价格越高。据说风干时间为50年的木材更胜一筹。

在如今气候变暖的时代，为了继续生产这种珍贵的木材，研究人员给刚锯下的云杉注射一种特殊真菌，这种真菌可以吃掉细胞的非结构性部分，让木材变得更轻，同时不影响其硬度。初期研究成果听上去非常乐观，但就目前而言，生产音色最美妙的木材的方法和斯特拉迪瓦里所处的时代相比几乎没有什么变化。毕竟，为了用一棵已经生长了2到3个世纪的树制作一把至少能在接下来2到3个世纪里给人们带来快乐的小提琴，多等几十年又何妨呢？

巴尔杉木（参见第178页）也是重量轻但硬度大的木材。

意大利

桤木（欧洲桤木）

Alnus glutinosa

从外表看，桤木并没有什么过人之处。但是，它淡紫色的花蕾和垂悬的柔荑花序是花店店主的心头之好，深色的叶片呈球拍形，顶端通常有缺口，一般不呈锐尖形。幼枝常常有黏性，因此它的种加词为“*glutinosa*”（黏性的）。这就是它全部的外貌特征了。不过，外貌是会骗人的，它的木材本身就非常特别。

桤木喜水，在河岸和潮湿环境生长得最好。它和固氮细菌形成共生关系，这在树木中较为罕见。固氮细菌生长在根瘤中，根瘤存在于树木根系上，有时有苹果那么大。树木给这些细菌供应糖分，作为回报，它们给树木制造肥料，让树木能占领积水的贫瘠土地并茁壮生长。

桤木这种木材和水保持着特殊关系。12世纪，当威尼斯群岛的居民们遍寻方法来稳固和扩大他们的水上家园时，他们注意到，有许多水闸是用桤木制作的。在空气中，潮湿的桤木很快就会腐烂，但当它完全浸没在水中时，却会完好无损。其实，只要一直浸没在水中，桤木的抗压强度就能保持数百年，因为其细胞壁内的化学物质能使致腐细菌难以扩散。威尼斯人意识到，桤木基桩历久弥坚，足以支撑雄伟的建筑。他们大胆地应用这个知识点，打造出一座潟湖中的梦幻城市。

通过系统性地隔离小区域，排尽区域内的水，威尼斯工程师们把基桩打入泥浆之下的底土里，每平方米约打9个基桩。为了让它们浸在水中，基桩的最顶端就保持低于最低潮位。然后，他们在基桩周围倒入几层碎砖块和石块，再在上面铺上厚实的落叶松木板，用来分散上方建筑的重压。大的建筑需要更坚实的基桩，而威尼斯的大部分建筑都建在桤木基桩上，包括里亚尔托桥（Rialto Bridge）和许多大型钟楼。

桤木因此奠定了威尼斯在建筑上的壮举，使威尼斯能够展示其独特和自信。如果没有这种木材，这座城邦可能永远不会成为一个军事强国。桤木木炭被视为质量最上乘的木炭，可制成性能稳定的黑火药，具有重大战略意义。用桤木木炭制成的黑火药发射子弹和炮弹，速度更快，射程更远。

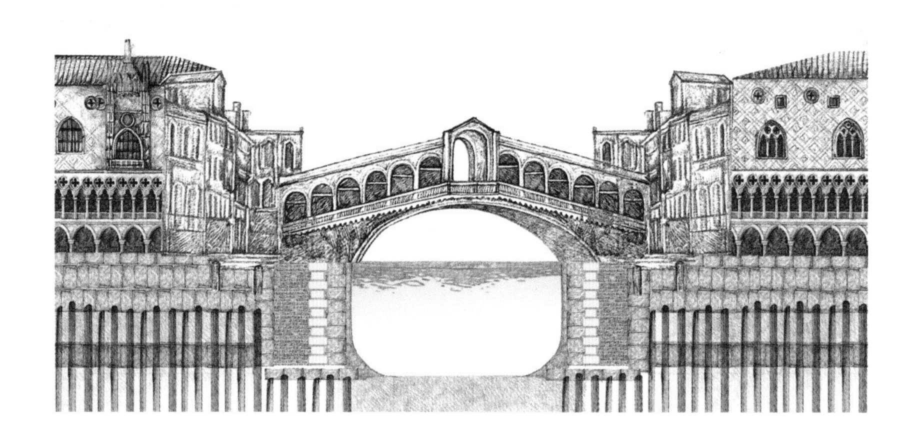

装在手榴弹和地雷里，比用其他木炭制成的炸弹破坏性更大。时至今日，质量最好的黑火药还是桤木木炭制成的。此外，桤木木炭燃烧的高温可以冶铁，而铁是制造工具和船舶部件的基础材料。

到14世纪末，威尼斯的铸造厂拥有世界上效率最高的一批冶铁炉，烧的正是桤木木炭。这座城市的军火库成为当时世界上最大的工业基地，有16 000万名工人在生产线工作，能够以惊人的速度在一天内生产一艘装备齐全的远洋武装船。中世纪的威尼斯建立在商业和军事力量的基础上，和今日以浪漫主题公园著称的面貌相去甚远。

这座城市如饥似渴地需要各种木材。首先当然是桤木，还有用于建造大基桩和船只的橡木，用于制造船桨的山毛榉，以及大量用于做饭和取暖的廉价木材。因此，木材供应需要严格管制。当时，大陆地区的大片森林归国家所有。16世纪中叶，一支由官方检查员、地图绘制员和守林人组成的队伍甚至在价值最高的一批树木上烫下了永久性标记。他们监督伐木工、锯木工、运输工的工作，确保木材沿着水路，穿过潟湖运送到市场上。

在威尼斯，锻造商船和军舰部件、配制黑火药的是桤木，撑起家园的也是桤木基桩。700多年过去了，这些基桩仍然支撑着这座水上城市。

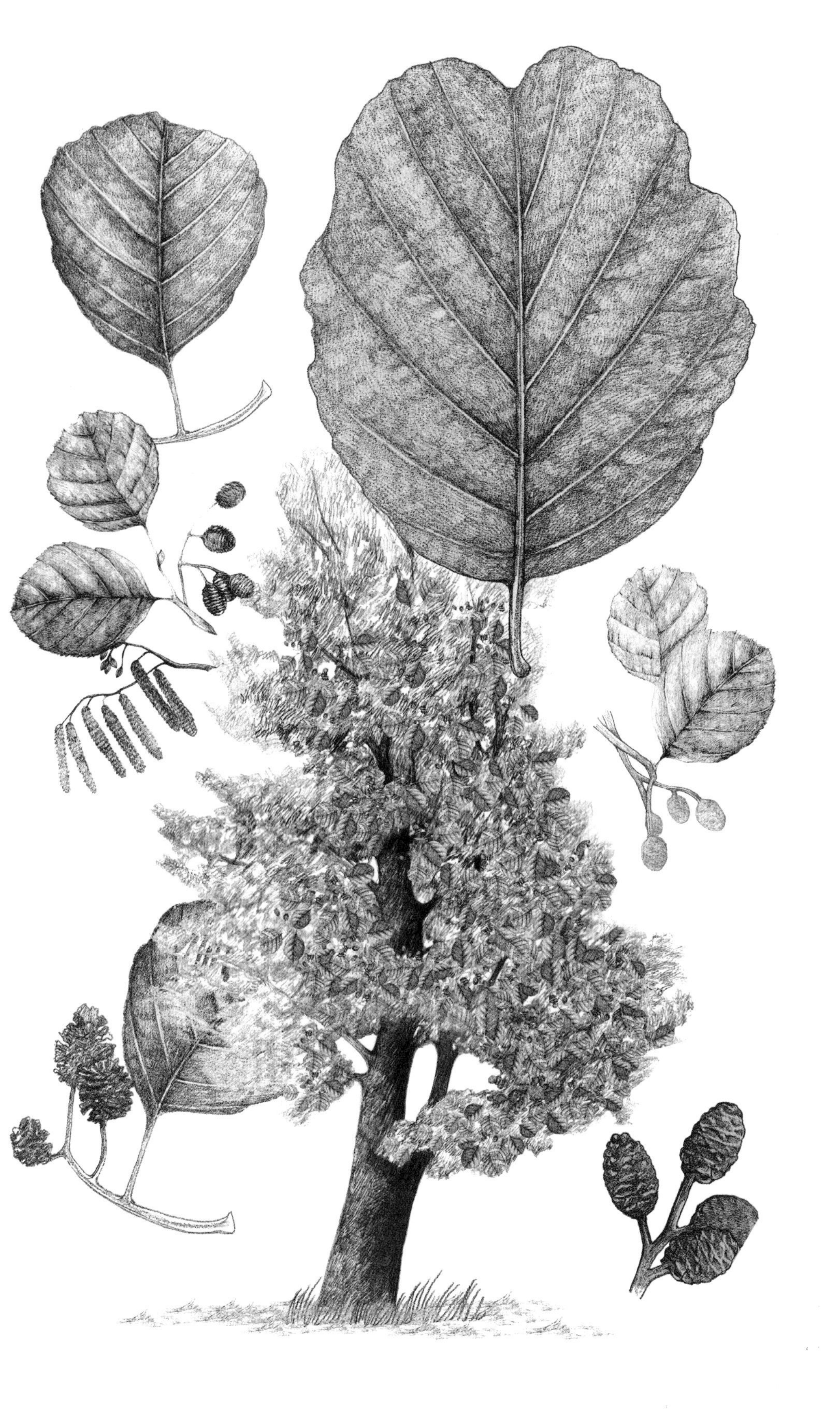

希腊

榅桲

Cydonia oblonga

榅桲原产于夏热冬冷的高加索山脉和伊朗。它是枝干扭曲的小乔木，如果要正常开花，每年冬季至少要在低于7℃的环境下生长2周。它的果实和苹果、梨子是近亲，但是个头较大。这三种果实都是“梨果”，是由花朵膨胀的基部发育而成的。果实形成时，花瓣早已从基部凋落。榅桲果呈黄色，密被灰色短绒毛，生吃口感酸硬。

土耳其的榅桲数量最多，占世界总产量的¼。然而，榅桲的名字来源于爱琴海对面的克里特岛上的基多尼亚（Cydonia），在英国，榅桲让人想起中世纪时期的马术比赛和奶油葡萄酒。尽管一直到19世纪，无须烹饪的甜水果才渐渐流行，而榅桲仍存在家家户户的厨房。在地中海南部，它们被用来制作清甜可口的菜肴，自古典时期以来就被纳入该地区的饮食、文化和种植景观。

榅桲是象征爱情的食物。在希腊神话中，帕里斯（Paris）送给爱与美女神阿佛洛狄忒（Aphrodite）的金苹果就是榅桲。直到公元前600年左右，按照传统，雅典女性必须在新婚夜吃榅桲，才能变得更聪明，让呼吸和声音变得更优雅。这种水果还被放在罗马人的卧室中增加清新果香。在文艺复兴时期的艺术中，它象征着热情、忠诚和丰饶。时至今日，它仍是希腊人用来制作婚礼蛋糕的传统配料。置于室内时，它的香气令人陶醉，这应该是它以催情效果著称的原因之一。此外，它白色的果肉经过充分加热后，会变成闪闪发光红宝石般粉红色，这一定是另一个原因。

和现代大多数作物一样，榅桲也存在自交的隐患。数千年来，农民们选择培育对他们来说重要的性状特征，比如大而美味的果实。但在一个日益集中的种群里连续多次自交，会导致遗传多样性减少，并削弱树木的适应能力，比如适应暖冬的能力或抵抗持续升级的病虫害的能力。作物的野生近缘种，例如高加索地区古老的榅桲，包含着我们需要的原始遗传多样性，因此我们必须保护这些树木。

希腊

月桂

Laurus nobilis

月桂又名海湾树，是地中海西部地区的常绿树种。它可以是修剪整齐的庭园装饰树，可以是家庭菜园里的灌木，也可以是15米高的优美乔木。雌株上簇生娇小玲珑的黄色花，花梗较短。花开后长出光滑的黑色浆果，内有一颗种子。月桂叶坚韧干燥，在其扁舟般的深色光滑外表下，有一些分泌芳香油的特殊腺体。它的叶子可腌渍和做开胃菜，把月桂叶塞入柠檬块中，烘烤后挤在鱼上，这是一道特色菜，一些欧洲南部人则会碾碎味道更浓郁的月桂浆果替代月桂叶。

月桂在希腊神话中是神圣的象征。少女达芙妮（Daphne）被好色的阿波罗神（Apollo）追求，她舍弃了享乐，选择了美德，并向父亲求助。听了她的请求，父亲把她变成一棵月桂树，保护她不被伤害。沮丧的阿波罗决定，如果达芙妮不能成为他的妻子，他至少可以拥有她变成的这棵树。从此，他一直用月桂叶装饰自己的头发。因此自古以来，阿波罗的形象始终戴着月桂花冠。月桂还和净化有关。从战场上归来的希腊将军们最初戴月桂花冠是为了净化他们的杀戮。随着时间推移，他们的花冠和后来罗马人佩戴的花冠和胜利联系起来，又进一步和成就联系起来。

在现代希腊语中，表示月桂的单词仍然是“Dáfni”（达芙妮）。表示月桂的英文单词“Laurel”则源于拉丁语。在拉丁语中，花环被称为“Bacca lauri”（月桂树浆果）。由此又衍生出英文单词“Baccalaureate”（学士学位），及源于法语的“Bachelor”（大学学士）。此外，诺贝尔奖得主和国家桂冠诗人被统称为“Laureates”。意大利学生在毕业典礼当天也会戴上月桂花冠。

月桂种子由鸟类传播，花楸（参见第18页）也是如此。

土耳其

无花果

Ficus carica

无花果是沙漠果园水果。无花果树扎根极深，以寻找水源能力著称，它们还能够钻进裂缝中或从墙上冒出新芽。无花果树能长得像蔓生灌木或可达12米高的乔木，树皮光滑呈大象灰色。它们冬天落叶，春末时节，正当人类和动物需要遮阴时，它们就开始长出宽大粗糙的叶子。

传说中，亚当和夏娃用无花果树叶来遮挡身体。由于无花果树叶具深裂，所以虽然数世纪以来画家们尽了最大的努力，还是无法严严实实地遮挡住他们的裸体。而中东和近东地区所有文化都有无花果树和与之有关的生育故事。在这些地区，无花果树已经有4000多年的种植历史。可以说，无花果树的植物学故事就是性和性别的故事。

无花果有雌雄之分，果实肉质，呈空心烧瓶状，内壁衬着厚厚的一层地毯：密密麻麻的小花。这种果实称为隐头果（Syconium），这个词源自希腊语“Sykon”，意思为“无花果”，“Sycophant”（阿谀奉承者）也来自同一个词根，意为“告密者”，最初可能用来称呼古代举报他人不顾禁令非法出口无花果的好事之人。无花果树有2种（雌雄异株），雌树生雌花序，结可食用的多汁无花果实。雄树则生雄瘿花序，里面有雄花和瘿花，即不育的雌花，结出的是干巴巴的非食用无花果（caprifigs）。这种果实的名字来源于一种拉丁学名为*Capra Aegagrus*的山羊，只有这种山羊会吃这种果实。把雄性无花果树上的雄花粉传到雌性无花果树的雌花中，这是一大挑战。

大多数树木要么长风媒花，要么长虫媒花。虫媒花通常颜色鲜艳，能产出足量蜜汁，吸引传粉昆虫把花粉直接、有效地传到雌蕊的柱头上。榕属植物的传粉方式却不一样：每种都依赖特定的榕小蜂传粉。给常见的可食用无花果果树传粉的是无刺的雌性无花果小蜂（*Blastophaga*），身形极小——只有几毫米长。它们传粉方式具有复杂精致的巴洛克风格。首先，雌蜂和雄蜂在雄瘿花序中孵化，在雌蜂甚至尚未完全孵出前，雄峰就和雌蜂交配，然后雄峰挖出小孔爬出去并死亡。这时，雄瘿花序的雄花开始制

造花粉，稍息片刻后，雌蜂便从雄蜂挖出的小孔爬出，走的时候全身沾满了花粉。在香味的指引下，它飞出去寻找另一个无花果花序产卵。找到后，它从无花果底部的小孔钻入，在这个过程中，它的翅膀和触角都会被挤掉。如果它恰好钻入了一个雄瘿花序，它就能产卵，卵最终会孵化，完成生命的繁衍。但如果它钻入了一个雌花序，它会发现自己被骗了。它在小花丛中走来走去，传播了身上的花粉，但是雌花序中的雌花并不符合它的生理构造，因此它无法产卵。经过授粉后，许多小种子会长出来，但不会出现小蜂幼虫。雌蜂在劫难逃，它被植物体分泌的酶逐渐分解。无花果的雌花序逐渐膨胀并变得香甜，吸引蝙蝠、鸟类和人类食用以传播种子，而种子含有的泻药成分能确保幼苗获得养分生长。

一些无花果树品种经培育已经变成单性结实，这意味着它们无须授粉也能生长成熟。但是在最大的无花果生产国土耳其，历史上最受欢迎、公认最美味的无花果树品种是士麦那无花果（Smyrna），它的名字以现在位于爱琴海沿岸地区的士麦那（今称伊兹密尔）命名。这个品种，以及它在美国加利福尼亚州的变种卡利亚那无花果（Calimyrna）等是以美味著称的品种，都是引以为豪的小蜂授粉型。早期曾有人尝试在美国种植士麦那无花果树，但以失败告终，因为种植者认为中东农民在果园里种几棵雄性无花果树的传统毫无根据。但实际上，这正是农民们细心观察并鼓励小蜂充当传粉媒介的有效方法。

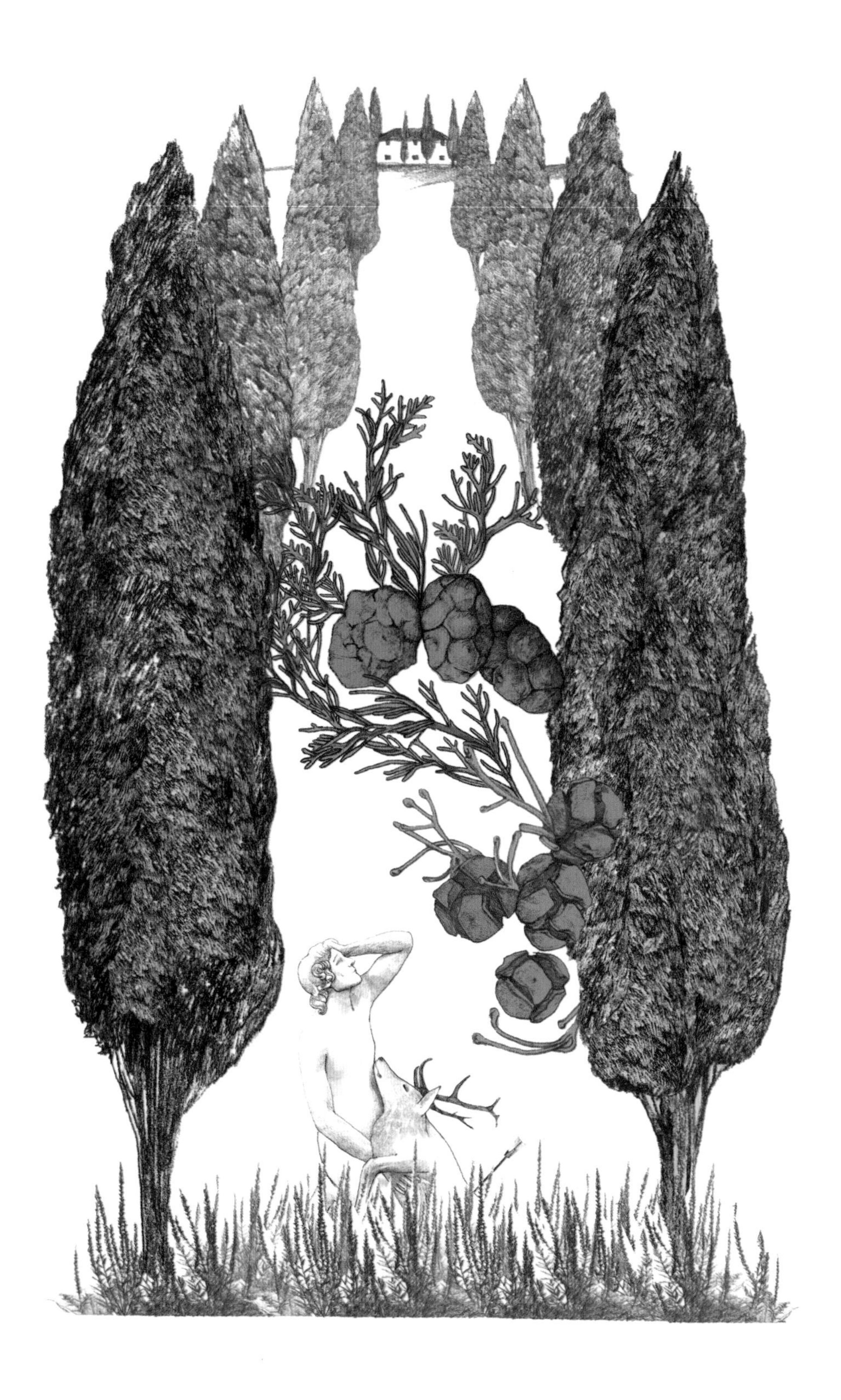

塞浦路斯

地中海柏木

Cupressus sempervirens

柏木的特别之处在于，它有两种非常不同的形态。它的原变种（*horizontalis*）在《圣经》中有记载，原产于地中海东部和近东地区，如今在那里的野外仍然可以找到它的身影。它外表古老，30到50米高，树形结实，瘤节蟠错的枝干向四方伸展。另一变种（*stricta*）的枝干则几乎垂直生长，与主干平行。这种细长的品种靠人类干预，用扦插手段繁殖，极有可能是装饰性的罗马品种。它在地中海地区很受欢迎，其柱状树形点缀着法国南部和意大利托斯卡纳区的风景，好似一个惊叹号。在佛罗伦萨著名的古代罗马式花园——波波里花园（Boboli Gardens）中，柏木像哨兵一样屹立在有着300年历史的大道上。

柏木叶呈深绿色，手感粗糙，有独特的灰白色交叉鳞片，能够很好地适应干燥、炎热的环境。风媒传粉的雄花和雌花生长在同一棵树上，乍一看，带着棕色和乳白色条纹的朵朵雄花就像一群蜜蜂。被授粉后传出的雌球果最终会变成银灰色，呈核桃般大小。当它们在晚秋时节成熟时，种鳞会开裂释放出种子。不过为了预防森林火灾，一些球果仍然会紧紧闭合，做好准备等热浪结束后再散播下一代。

埃及人用含有树脂的柏木制作棺材和防虫储物箱，这种柏木的名字就来自它的原生地塞浦路斯（Cyprus）。塞浦路斯这座岛上的矿产对罗马人来说有着至关重要的战略意义，因为这里是铜的主要开采地。他们把铜和少量锡铸成青铜，因此，他们把铜称为“aes Cyprium”（塞浦路斯开采的金属），后来演变为“Cyprum”“Cuprum”，这就是今天铜的化学符号Cu的由来。在许多语言中，铜的现代词汇通过塞浦路斯和柏木联系了起来。

柏木及塞浦路斯的名字是以库帕里索斯（Cyparissus）这个神话人物命名的，他的父亲和阿波罗是好友。库帕里索斯意外地杀死了阿波罗神喜爱的牡鹿，他满怀悔恨乞求阿波罗让他永远活在悲痛之中。于是阿波罗把他变成一棵柏木，树脂代表着他的眼泪。柏木还是不朽灵魂和永恒死亡的象征，甚至成为地狱的象征，所以它广泛种植在墓地里。

埃及

海枣

Phoenix dactylifera

海枣树在3000年前的希伯来文学、亚述浮雕艺术和埃及纸莎草画中均有记载。它可食用，可能原产非洲东北部和美索不达米亚之间的某个地区，在中东已有6000年的种植历史。它是该地区的标志性水果，也是主食，含糖量高达⅔，它给居住在沙漠的大批人口提供了食物，从而改变了历史的进程。如今，观赏海枣树的最佳胜地是埃及，那里有1500万棵海枣树，果实年产量超过100万吨。令人惊讶的是，其中只有3%的产量出口。

植物学家表示，严格意义上来说，海枣树并不是树，因为它缺乏标准的木质化组织。但对我们普通人来说，它们以强壮的主干支撑、生长，这就足以称为树了。它们的茎有宿存的叶柄基部，能长到25米长。每根茎上长有20到30片叶子，每片叶子可达5米长。如果在炎热干燥的夏季有地下水或人工灌溉，它们可以存活150年。海枣树雌雄异株，要想结出果实，雄花上的花粉必须传到雌花上。它们的种植者没有把传粉任务托付给风或昆虫，而是亲自授粉。过去，这意味着要爬到树上，但现在这个过程已经被升降机喷撒花粉取代。海枣树通常是通过组织培养，或在树干底部堆积土壤培育根蘖进行商业化繁殖的。这种繁殖方法减少了不结果实的雄株数量，并能对现存的几十个品种进行有效控制。

经放射性碳素测定，2005年在以色列死海旁梅察达（Masada）古堡遗址发现的海枣树种子大约有2000年的历史。对其进行水、肥和激素处理后，其中一个居然成功地发芽了。这株雄株幼苗被视为犹太海枣树唯一尚存的代表。犹太历史学家约瑟夫斯（Josephus）和古罗马自然学家老普林尼都认为海枣树耐寒性极强，果实令人垂涎欲滴。这株幼苗被命名为“玛士撒拉”（Methuselah，《圣经》中记载的长寿者），栽种在以色列内盖夫沙漠的一个农场里。截至2017年，它已经长到3米高，并已开花产生花粉。目前的计划是让它和同样来自犹太沙漠的雌株交配。这个神奇的古代水果会带来什么有用的性状特征呢？

黎巴嫩

黎巴嫩雪松

Cedrus libani

如果说壮观的黎巴嫩雪松在文明进程中发挥了关键性作用，这一点也不夸张。我们从土壤芯样和其中含有的花粉得知，10 000年前，大片雪松林横跨地中海东部，一直延伸到美索不达米亚和现在的伊朗西南部。如今，虽然它是西欧和美国部分地区的公园和大型花园里常见的庭园树，但它的原生地局限于黎巴嫩、叙利亚和土耳其南部等地区的个别山脉。

成熟黎巴嫩雪松可达35米高，树围达2.5米。对于如此高大粗壮的树来说，它的树形却异常优雅。它的枝干几乎是水平生长的，这较为罕见，特别是对生长在冰天雪地的针叶树而言。这些枝干长得十分结实，但是，成熟的枝干有时会毫无理由地脱落一大截枝叶，有时甚至重达数吨，而且不一定是在恶劣天气里，真是令人费解。它的针叶呈深绿色或蓝绿色，密集地层层分布。深灰色树皮分泌芳香树脂，使得漫步雪松林成为一种非常奇妙的体验。它的卵形球果有柠檬般大小，每隔1年才会结一次果。成熟时，球果会开裂散播出无数小种子。

黎巴嫩雪松能耐受冬季严寒和夏季长期干旱，它的木材经久耐用，不易腐烂，呈美丽鲜艳的红色，香味令人沉醉，而且很方便得到大块木材。可以说，它真是集万千优点于一身，而这也许正是它陨落的原因。在古代，雪松是一种珍贵商品。它的木材被用来建造亚述、波斯、巴比伦等地的庙宇和宫殿。腓尼基人的雪松交易量很大，这个航海民族用雪松来建造船只、房屋和家具。古埃及人用雪松树脂来防腐。法老的坟墓里四处散落着雪松刨花和木箱。《圣经》也提及过雪松。大约在公元前830年，雪松被用来建造耶路撒冷所罗门神殿的屋顶。当时卫生条件时好时坏，而雪松有消毒和驱虫的作用，并且带有香味，所以受到了热烈追捧。雪松油现在仍然被广泛用来驱除蠹虫。在土耳其南部，一种被称为“卡特兰”（Katran）的雪松油提取物可以用来防止木质结构蛀蚀和腐烂。

强调人类统治自然的古代故事经常提到砍伐雪松。在苏美尔人约4000年前写下的史诗《吉尔伽美什》（*Epic of Gilgamesh*）中，英雄吉尔伽美什战胜了野生雪松林的守护者半兽半神的洪巴巴（Humbaba）。为了展示自己的力量，吉尔伽美什把整片雪松林夷为平地。现实生活中雪松的过度砍伐也许正是这个故事的灵感来源，这也促进了一些保护雪松资源的举措。公元118年，罗马皇帝哈德良（Hadrian）甚至栽种了一片皇家雪松林。但自那时起，保护工作进行得断断续续。在黎巴嫩，雪松有着重要的文化寓意，是永恒的象征。黎巴嫩国歌展示了国家屹立在雪松林中的荣耀，并且国旗上也有雪松。目前，该国政府正竭尽全力阻止商业开发破坏最后仅存的几处雪松林。不过，虽然这种树俗名黎巴嫩雪松，但数量最多的、观赏天然雪松的最佳地点却是土耳其南部的托罗斯山脉。

近来，全球变暖促使人们寻找能在中欧地区茁壮生长的树种。初期实验表明，黎巴嫩雪松可能符合这一要求。气候变化可能成为保护这一物种一剂及时的强心针，但我们现在已经很难想象在洪巴巴保护之下的古代雪松林的规模了。

雪松以偶尔脱落枝干著称，而瓦勒迈杉（参见第152页）脱落枝干却是家常便饭。

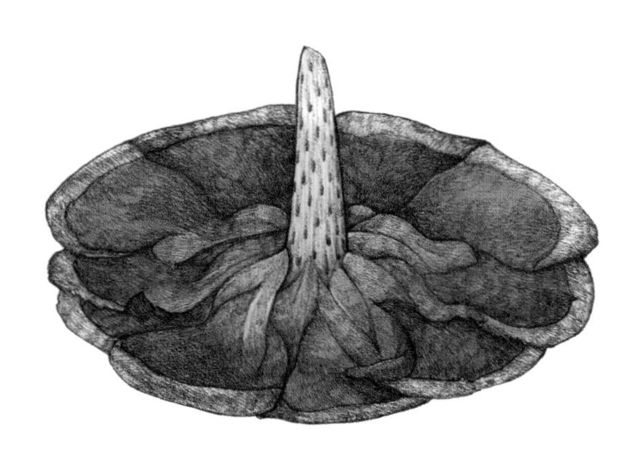

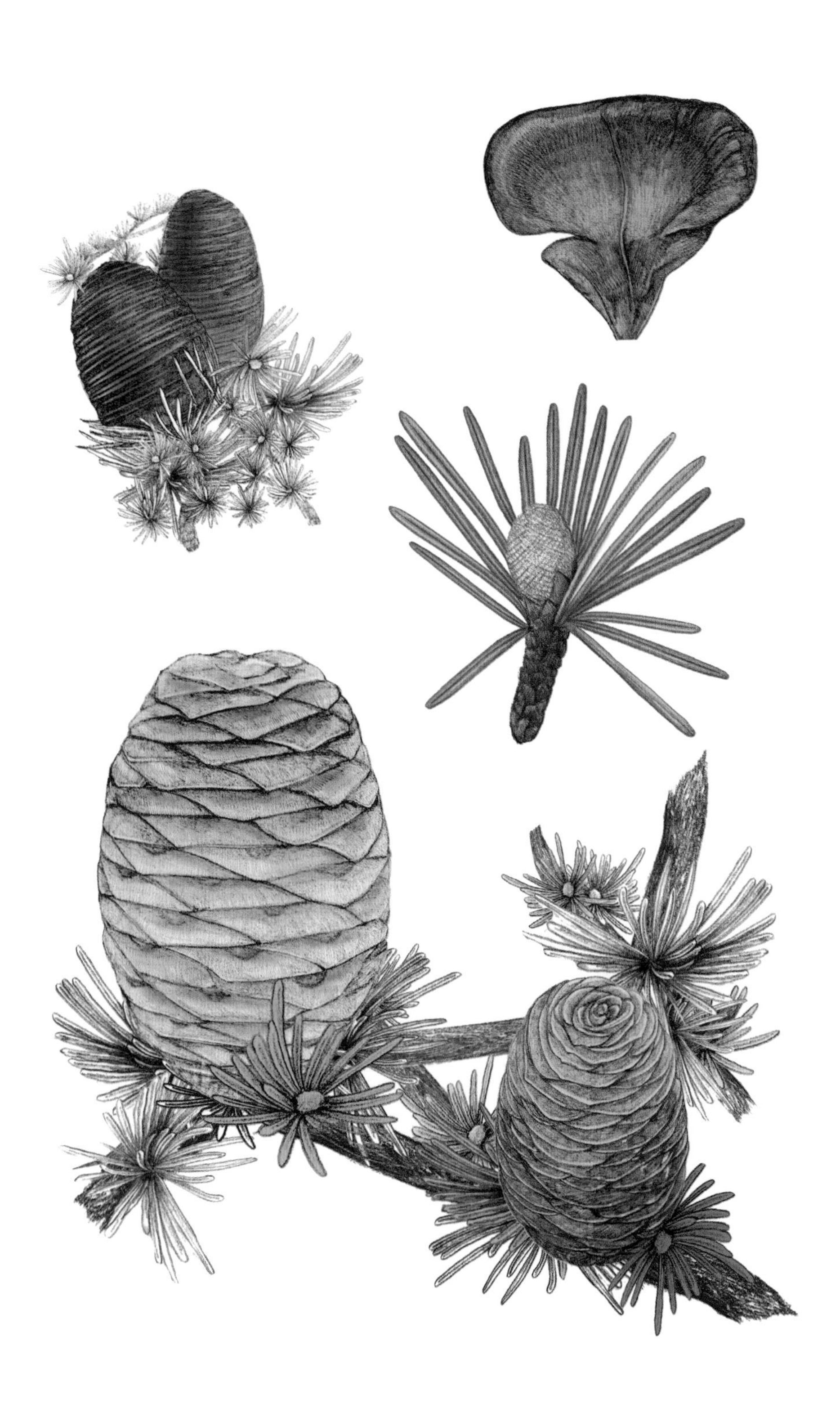

以色列

油橄榄（木犀榄）

Olea europaea

油橄榄树低矮粗壮多瘤节，耐受高温和干旱，能有效地避免山羊的啃食。油橄榄树能轻松地活上1000年，并且大部分时间都能结果实。它们的叶子正面呈深灰绿色，背面呈银色，密被鳞片，能够减少高温及大风时的水分蒸发。这使叶子看起来银光闪闪，具有强烈的地中海风格。每个小鳞片只有⅙毫米，在高倍放大镜下看，它们就像层层叠叠的镶褶边遮阳伞。

西班牙和意大利是目前较大的油橄榄树种植国，但油橄榄和中东有着特殊联系。自新石器时代起，那里的人们就开始栽种这种树。在过去5000多年里，橄榄一直被用作食物、药物，特别是油。在许多语言中，“油”这个词（包括英文的“Oil”，意大利语的“Olio”和法语的“Huile”）都源自古希腊语中表示“油橄榄”的词语。它是热量最高的水果，是一种重要的油灯燃料和食物。希伯来语和阿拉伯语中表示“油橄榄”的词语分别是“Zayit”和“Zeytoun”，这两个相似的词语来自同一个词根，意思和亮度有关。

油橄榄树受到犹太教、基督教和伊斯兰教的喜爱和推崇，这些宗教把它和光明、食物、净化联系在一起。在《圣经·旧约》关于大洪水的故事中，鸽子给方舟上的挪亚衔来一根橄榄枝，预示着大水退去，上帝的愤怒已经平息。从此，橄榄枝就成为和平的象征。在这个犹太教、伊斯兰教和基督教并存，居住着阿拉伯人、以色列人和巴勒斯坦人的地区，和平是多么罕见而宝贵呀。不论历史上的纠葛，他们应该帮助自己的孩子们找到和谐共处的途径。也许象征着和平，展示着共同文化传统的油橄榄树能够给那些调解争端的人带来一些灵感。

油橄榄叶有减少水分流失的小鳞片（如图所示）。冬青栎（参见第48页）的叶子则有另一种减少水分流失的方法。

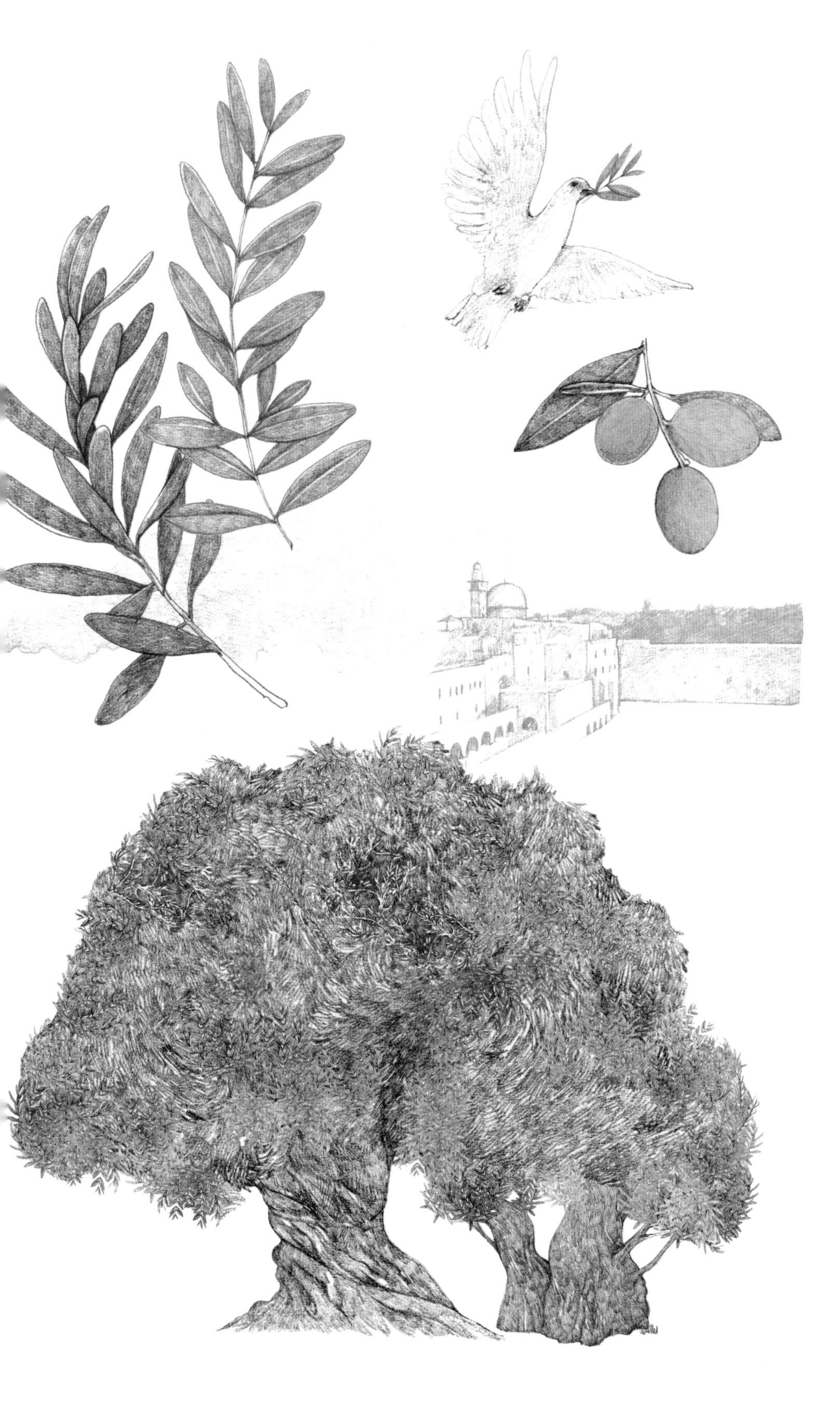

塞拉利昂

木棉（吉贝）

Ceiba pentandra

成熟木棉高耸壮观，是非洲大陆上最高的树，直冲云天的主干有20层楼高，亭亭如盖。幼树主干呈亮绿色，手感光滑，具有一种特殊结构。随着时间推移，一丛丛枝干形成独特的水平伸展层次，树干表面冒出圆锥状皮刺。它生长迅速，靠下部分枝干往下垂，雄壮的主干树皮渐渐变成灰色。它有曲折蜿蜒的发达板状根，有的大到可以藏人。一棵大木棉就像一座有着自己生物多样性的小岛。它巨大的枝干支撑着气生植物的生长，也是无数昆虫和鸟类的家园，甚至还有蛙会在它高高的枝干之间积存的小水坑内产卵。

在漫长的干旱期，木棉会落光叶子。单棵树不会每年都开花结果，但要是开的话，它们会热情饱满地尽情开放，而且此时叶子尚未重新长出，所以没有什么会分散传粉者的注意力，也没有什么会阻碍种子的传播。绽放时，一簇簇花点缀着光秃秃的枝干，看上去像是人工合成的假花，非常奇怪。这些花呈浅黄色，带着蜡质光泽，闻上去有一股隔夜牛奶的味道。这些特征让它更能吸引蝙蝠和蛾子参与夜间传粉活动。开花期间，每棵木棉每天晚上都会慷慨地分泌出10多升花蜜，因此，虽然蝙蝠为了传粉可能需要在树木之间飞行20千米远，但它们的付出是值得的。花开后结出悬垂的船形荚果，每棵果树上都有数百个。果实成熟后由绿色变成皮革棕色，每个荚果内都含有约1000粒种子。这些种子可以用来榨油，但最重要的还是木棉纤维，即包裹着种子的一团丝状棉毛。当木棉的荚果开裂后，从远处看它们就像成千上万个棉球，所以木棉还有另一个俗称：丝棉树。

它的种子和纤维可以随风传播，而种子表面有防水的油质种皮，而且具有增加浮力的“软木塞”结构，所以常常也会随河流和海洋传播。这可能就是木棉到达非洲大陆的原因，它原产热带美洲（现在是危地马拉和波多黎各的国树），我们从花粉证据分析得知，它在西非至少已经生长了13 000年。

木棉纤维呈中空管状结构，细胞壁很薄，表面有一层蜡。这种不同寻

常的结构使它变得非常轻，但和棉花不一样的是，它有很强的防水性。在第二次世界大战之前，木棉纤维一直是救生衣和救生带的指定填充物。虽然它防水性高，但吸油力却很强，它能吸附其重量40倍的油。因为它非常理想地集这两种性能于一身，所以在意外泄漏等需要油水分离的情况下非常有用。为了保护它的种子，木棉纤维还进化出抗菌性和让昆虫以及啮齿动物讨厌的味道，这使它成为枕头、坐垫、床垫、填充玩具（如泰迪熊）等物品的常见填充材料。

世界上最著名、最具象征意义的木棉树莫过于位于塞拉利昂（Sierra Leone）首都弗里敦（Freetown）最古老地区的巨大地标性木棉。据说，在18世纪90年代，当那些在美国独立战争期间为英国作战的非洲奴隶获得自由后回到此地时，在这棵神圣的树下举行了感恩庆祝活动。

木棉和人的身心健康有着密切联系，整个西非地区都将它们尊为神灵居所。如今，塞拉利昂人仍然会在木棉树下向祖先祈祷和献祭，祈求和平与繁荣。正因为它们和健康的联系以及浓密的树荫，所以它们常常是集会地点。根据传统，当地治疗师还会在这里治疗集体精神问题，也就是其他地区所谓的“群体心理治疗”。

加纳

可乐果（光亮可乐果）

Cola nitida

可乐果原产于潮湿的热带西非地区。它有两种非常相似的品种，一种是叶形渐尖的苏丹可乐果（*C. aeumineta*），另一种是叶片油亮的光亮可乐果（*C. nitida*），它们都是中等大小的常绿乔木，通常不到15米高，树干笔直矮壮。鲜艳的淡乳白色花朵呈五角星形，每朵花中心都有褐红色的星芒。果实看上去很不起眼，长15厘米的粗糙绿色荚果成熟后会变成棕色，开裂后露出光滑的红色或白色种子，呈栗子般大小。这些可乐果功效强大：它们的咖啡因（一种天然杀虫剂）含量是咖啡的2倍，还含有一些其他的兴奋剂和极少量的番木鳖碱。整个地区的人都经常咀嚼这种果子，已经养成了习惯。咀嚼时，一开始的苦味会逐渐被甜味取代，据说，它能给世界蒙上一层玫瑰色光芒。

然而，关于可乐果的一些历史让人感到不安。因为人们普遍认为它们可以充饥和解渴，所以它们被装到横渡大西洋的奴隶船上。在船上，有人把可乐果粉末撒到水桶里，让污浊的水变得不那么难以接受。到17世纪，可乐果已经种植到加勒比海和美洲地区，那里的奴隶偶尔会吃它的果实，既是为了怀念家乡，也是为了减轻饥饿感和疲劳感。

可乐果是有着数千年历史和数百年栽培历史的贸易商品。大约在19世纪末，美国开始宣传它的药用价值。19世纪80年代，它成为可口可乐的原始成分之一，当时的可口可乐还含有另一种天然提神剂：可卡因。

如今，可乐果几乎在西非的每个市场都有销售。可乐果是一种随处可见的社交润滑剂，人们在见面、道别和重大庆祝仪式上都会一起嚼可乐果。把新生儿的脐带和可乐果种子埋在一起已经成为各处的习俗，之后生长起来的树就变成了这个孩子的财产。一些“天然可乐”饮料还在用可乐果提取物来增添风味，也许烘烤并碾碎可乐果制成美味的“苏丹咖啡”，能成为咖啡店里的畅销新品，给农民带来更多的收入。

博茨瓦纳

猴面包树

Adansonia digitata

在各种文化中，形容尖锐物体的词语往往带摩擦音（如英文中以F和K开头的词语），而表示圆形物体的词语往往发音更圆润（如英文中以B、M、W开头的词语）。猴面包树的多个英文俗名Baobab、Bwabwa、Mwamba、Mubuyu、Mowana，这些单词都以B、M开头，它被认为是地球上最圆滚滚的树也就不足为奇了。

猴面包树偶尔会成林生长，但通常是单株，它们可以活2000年。猴面包树上生长的5到7片小叶像手指一样附在一个中心点上。它是撒哈拉以南非洲热带草原上一道独特的风景线。关于它古怪的外表，民间传说中有不同的说法。最广为流传的一种是：因为它太不自量力，经过几番闹腾后，造物主勃然大怒，把它上下颠倒，让它根朝着天。

大型猴面包树可达25米高，树围也差不多这么长，需要12个高大的人才能抱住。粗大的老树干异常光滑，几乎全是空心的，也许是真菌感染的结果。这些空树干被用来作小屋、仓库、酒吧，甚至临时监狱。猴面包树有一种神奇的能力，它能把数千升的水储存在松软的树干中，吸引口渴的大象撕裂树皮饮水。此外，它的树干会随着气候干旱情况明显伸展和收缩。

它的白色大花只绽放1天，闻起来有一股酸味。虽然没有丰富的花蜜，但它有成千上万的雄蕊供果蝠和婴猴食用。这些动物觅食时沐浴在花粉海洋中，会把花粉传播出去。花开完后，长出椭圆形的硕果，悬挂在25厘米长的果柄上。果实表面呈棕色，有着天鹅绒般柔软的手感，粉状果肉口味酸涩，可以制成富含维生素C的提神饮料。人们会采集它的种子，大象和狒狒也会把它们散播到各处。它可再生的树皮是可以纺织的纤维，支撑着繁荣的草席和草帽贸易。

许多非洲传统文化将猴面包树视为已故祖先灵魂的家园。但在某些文化中，这种树也和邪恶势力相联系。无论如何，这些迷信使人们更加敬畏它们，让它们得到更多保护。

津巴布韦

香松豆（可乐豆木）

Colophospermum mopane

香松豆生长在非洲南部中心地带，它们支撑着非洲大陆上大象和黑犀牛等重要野生动物种群，也是一种意想不到的人类食物来源。

香松豆是小型落叶乔木，最高可达15到20米，主枝干较少，幼树光滑呈灰色，但随着年龄增长树皮会起皱纹和长突起。它柔弱的外观只是一种假象，在浅土或黏土上，它能打败其他树木成为优势树种。

它在旱季过后长出的叶子极具特色。每一对叶子的形状都像文艺复兴艺术中天使的翅膀，中间还有一小片退化叶。在阳光照射下，可以看到香松豆叶子上点缀着半透明状小点，这些小腺体含有类似松脂的树脂。在极其炎热的天气里，翅膀状叶片会闭合并往下悬垂，减少光热吸收，从而减少水分流失。因此，在大多数时间里，香松豆木的树荫是稀疏的，这促进了林下灌木层的生长，这些灌木是许多昆虫和鸟类赖以生存的栖息地。啮齿动物和大型动物食用香松豆木的叶子和果实，并散播其种子。这一错综复杂的生态系统网络称为“香松豆林”。

香松豆是风媒传粉植物，它们通常密集生长，这样能提高花粉传播的概率。因为不需要吸引昆虫或其他动物传粉，所以它淡绿色的花朵很小，不太起眼。之后生长出的种荚会在突如其来的瓢泼大雨的冲刷下，散播到各处。每个种荚都含有一颗肾形种子，种子的黏性表面纹路复杂，保持水分能力特别强。

香松豆木材硬度高，而且具有抗白蚁性，是建造乡村小屋的首选。它的密度大到能够沉到水底，因此能制成音质上佳的萨克斯管和单簧管。但使它脱颖而出的是它为数百万人提供的营养物质，这种营养物质不是来自树木本身，而是来自一种栖息在它身上的物种。冬末时节，成群的大型天蚕蛾（*Gonimbrasia belina*）从地下钻出，交配后在香松豆叶子上产卵。它们的翅膀张开后和孩子的手差不多大小，赤褐色翅膀和鲜明的眼点很有辨识度。等到夏天，这些虫卵孵化成蠕虫。这些“香松豆虫”非但没有被叶子上树脂吓走，而且食量惊人，其体重在6周内能增加4000倍。但是它们的进食周期比其他物种短得多，这使树木得以恢复。在被啃光后的6个月内，幼树能够恢复茂盛，虽然叶子变得更小，但也更茂密，总叶片面积恢复到之前的水平。不过，为什么被鹿啃食的树木恢复能力不如被毛毛虫啃食的树木般显著，这个问题的答案尚未有人知晓。

香松豆虫稍大于中指，它们有黑白交错的斑点和绿黄相间的条纹，长着一排排小刺和刚毛。这些完美的伪装使它们躲过了鸟类的攻击，但却很容易被饥饿的人类注意到。在收获季里，人们干劲十足地收集成千上万吨香松豆虫。他们用手按住虫尾，捏住头部向下挤压，挤出没有完全消化完的叶子黏状物。虫子用盐水煮熟后放到阳光下晒干，再拿到市场和路边摊上出售。这些虫子可以直接食用，尝起来有点像咸咸的薯条，也可以加到蔬菜汤里。

晒干的香松豆虫是当地的美味小吃。它们含有60%的蛋白质，还含有脂肪和其他重要矿物质。在饥荒时期，它们是营养丰富的重要食物，而且无须冷藏就能储存数月。但随着香松豆虫的食用价值逐渐传开，超市和国际贸易对南非地区香松豆虫的需求急剧增长，这种飞蛾种群数量大幅下降，有人甚至为了找到这种珍贵的虫子滥伐高大的香松豆木。因此，实施各种限制采集的举措已经刻不容缓。

香松豆和欧洲黄杨（参见第33页）都是硬度大的沉木。

马达加斯加

旅人蕉

Ravenala madagascariensis

马达加斯加是一个比法国面积还大的岛屿，它是博物学家魂牵梦萦的一片土地。这片土地和非洲其他地区隔绝了约1.5亿年，与印度隔绝了9000万年，人类几千年前才开始在此定居，因此那里的物种一直独立进化。几乎所有本土植物都是地域性物种，它们在世界上其他任何地方都不自然存在，这意味着它们和野生动物的许多关系也是独特的。

岛上最具标志性的物种就是旅人蕉。它看上去既美丽又滑稽，无比壮观。它的树形像一把垂直立于地面的大扇子，这个庞大且异常对称的结构由桨状叶排列而成，每片叶子长达3米，宽达0.5米。幼树相互重叠的叶柄有序交织，从地平面就开始萌生。但随着年龄增长，由紧密重叠的叶基向上伸展形成笔直的灰色主干，可达15米高。这个高度的旅人蕉看上去最奇特。

虽然看起来像棕榈树，但旅人蕉其实是旅人蕉科、旅人蕉属单属种植物。这个科下还有来自南非的色泽艳丽的天堂鸟（鹤望兰，拉丁学名：*Strelitzia reginae*），在喜欢异国情调的园丁中很受欢迎。这些近亲常常招摇地展示鲜艳的红色和橙色的花朵和种子，吸引鸟类的注意。因为鸟类的眼睛对这些颜色极其敏感，所以会主动帮助它们传粉或播散种子。然而，旅人蕉淡黄色的花却是从平平无奇的浅绿色硬苞片中冒出来的，看起来就像在叶丛中央堆满了坚硬的鹈鹕喙。什么动物才有能力和意志力撬开这样的花，并为它传粉呢？那就是马达加斯加独有的哺乳动物——黑白相间的领狐猴（*Varecia variegata*）。这种狐猴永远带着一副惊恐的表情，看起来就像刚从动画片里出来的一样，在人类看来可爱得无法抵挡。旅人蕉丰富的含糖花蜜是它的主要食物来源，作为回报，它用毛皮把花粉从一棵树上传到另一棵树上。领狐猴现在濒临灭绝，因此野外的旅人蕉也在劫难逃。

旅人蕉果实是8厘米长的木质蒴果，干燥后会开裂，露出藏在里面的宝藏：非常罕见的蓝色种子。它引人注目的颜色来自假种皮，即被覆于种子表面，像天青石一样闪闪发光的附属物。种子如此进化是为了更容易被狐猴看见。作为类人猿或原猴类的祖先，狐猴具有二色视觉，能够区分蓝色和绿色，但无法看到红色。它们吃掉的种子有一部分被完好无损地排出体外，长成下一代。

之所以叫“旅人蕉”，其中一个原因是它有“指南针”的美誉。据说也许是因为阳光，它的叶子永远朝着一个方向，但很难确切地指出这种说法是不是真的（一项对马达加斯加植物学家的调查，以及对航拍照片的非结论性分析花费的时间表明，这会是一个很好的博士论文项目）。旅人蕉和旅行者产生交集的另一个原因是，雨水通过相互连接的U形树叶流向树中心，最多能够积聚1升水。这些水会变得很咸，而且无疑还会有各种蠕动的虫子。但从理论上来说，可以把一根管子插入茎的一边，直接从树上饮水（用净水吸管可能比普通的吸管更安全些）。在危急的极端情况下，旅人蕉可以成为旅行者的救星。

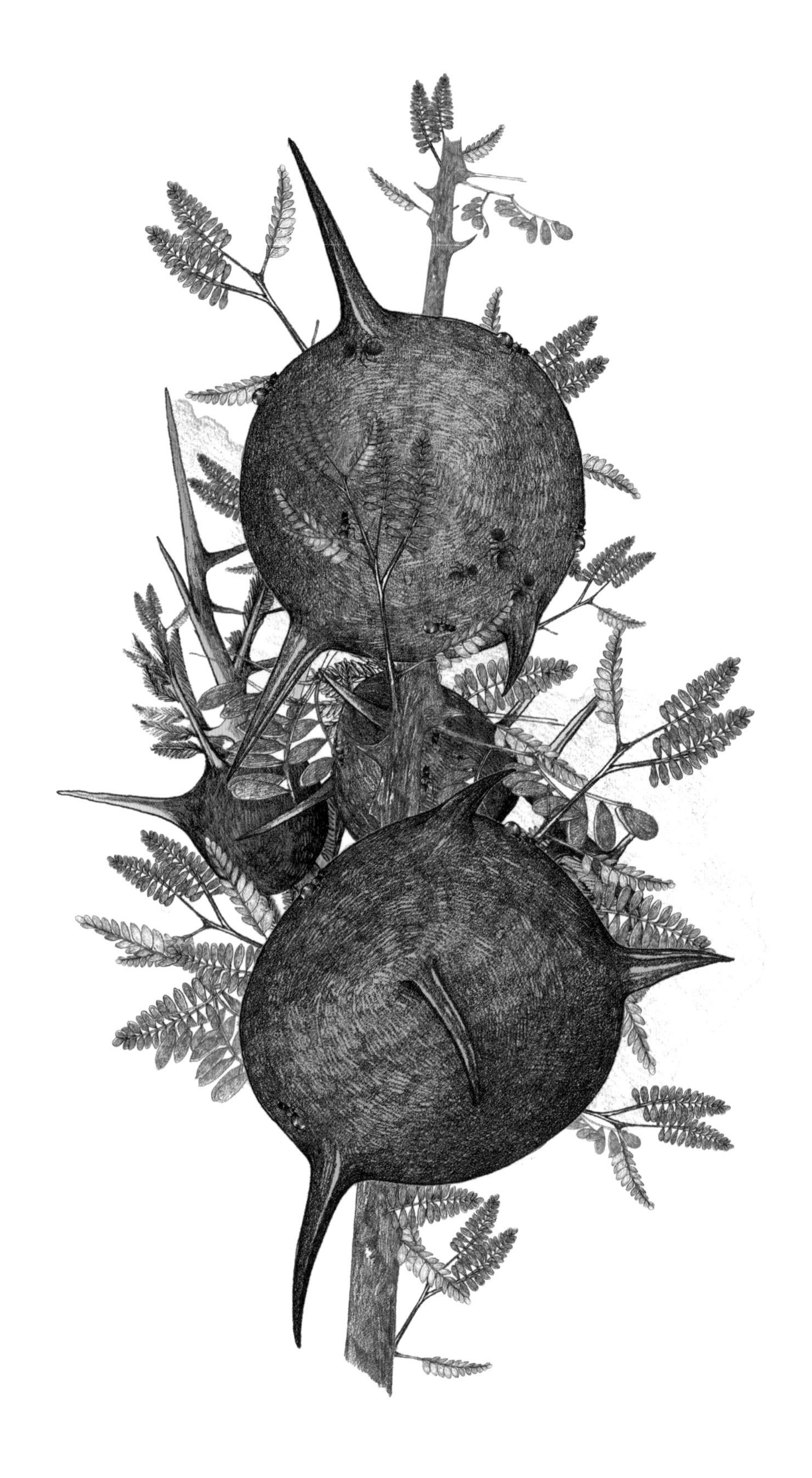

肯尼亚

吹哨荆棘（镰荚金合欢）

Vachellia drepanolobium (*Acacia drepanolobium*)

吹哨荆棘是东非大草原上的一道常见风景。从远处看，它高约6米，是毫不起眼的灌木。然而，事情并不像表面看上去的那样。在微风吹拂的日子里，这种树会发出尖锐刺耳的哨声。你觉得它的叶子会是动物的美餐，但叶子旁边的刺看起来似乎太密。它每一簇叶子底部都有一对笔直的白色尖刺，每根刺都有手指那么长。这些刺可以吓退一些食草动物，但众所周知，长颈鹿能用灵活的舌头绕开这些防御手段，大象也能从容对付这些刺，而对昆虫来说，这些刺并不碍事。

但如果你走近些，就会看到许多刺都有球状和中空基部，像核桃大小的奇怪小“卫星”，幼时柔软发紫，成熟后变硬变黑。这些粗糙球体上的小孔会在风吹过时发出哨声。但为什么要长这些小球体和小孔呢？轻轻地拍几下树，谜底就解开了：数百只蚂蚁从小球中一涌而出，准备保卫树木。入侵者会遭到成群蚂蚁的攻击。它们四处奔跑，发出信息素警报，招来更多兵力。即使对最大的食草动物来说，吃一嘴蜇人的蚂蚁也是一种有效的震慑手段。村民们发现，如果家养的山羊在啃一棵有蚂蚁防御的树时受到攻击，它们就再也不会啃这棵树了。

这些膨大的刺称为“虫菌穴”(Domatia)。为了报答树木给它们提供的“房屋”和叶子腺体分泌的蜜汁，蚂蚁斗志昂扬地保护树木不被外来者侵扰。这些蜜汁富含能量，但缺乏蛋白质和脂肪，所以蚂蚁还需要寻找昆虫来丰富饮食。它们排出的食物残渣还能给树木施肥。

对蚂蚁来说，有充足的食物和体面的住处，这种生活太美好了。这也导致不同种类的蚂蚁会争夺某棵树的“独家居住权”。如果居住着竞争蚁群的邻近树木枝干相缠绕，这些蚂蚁就会相互争斗，输的一方就会被驱赶出树。难怪蚂蚁们会毫不留情地啃掉树木的侧芽，咬掉攀缘的藤蔓，原来是为了切断自己的树和周围树木的联系，减少对手入侵的机会。

我们知道，一些有毒或危险动物会表现出“警戒态”行为，即向潜在的捕食者发出驱逐信号。研究人员近来提出，微风吹过吹哨荆棘时发出的

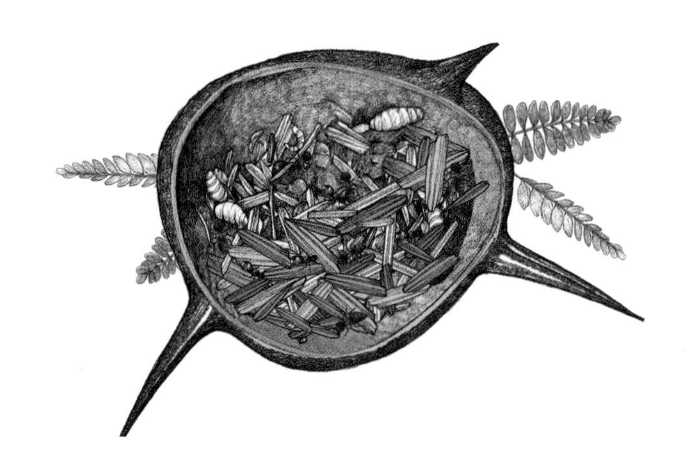

声音就是听觉警戒态的一个例子。就像响尾蛇会发出响亮的声音警告所有生物远离它，吹哨荆棘本身发出的哨声可能也是一种预示危险的信号，或许能防止大象在黑暗中践踏树木。

然而，自相矛盾的是，偶尔受到攻击的树木其实更健康。树木需要花费大量精力制造蜜汁，如果周围没有大型食草动物，它就会减少蜜汁出产，同时用来安置蚂蚁的虫菌穴也会长得更少。蚂蚁的应对策略是培育一种替代食物来源——一种类似蚜虫的昆虫，吮吸树汁后能分泌出蜜露。但这种甜食引来了另一种蚂蚁，它们趁着防御兵力减弱开始占领树木。这些新来的蚂蚁保护树木不被食草动物侵袭的能力远远不如前一种蚂蚁，而且它们还能受益于甲虫破坏树木留下的洞。因此，与预料相反，如果没有大型食草动物，树木就不需要为蜇人的蚂蚁大军提供热情舒适的家，这意味着其他昆虫会开始破坏树木，吹哨荆棘就开始遭殃。如果树木遭殃，果实和种子就会减少，严重影响其生存和繁衍。但如果附近有大型食草动物，树木就需要许多蚂蚁来保护它，这意味着它需要产出大量的蜜，也就意味着它需要分出一些制造果实和种子的珍贵资源，用于制造蜜……大自然是平衡的。

印楝（参见第120页）也有一种保卫自身的妙招。

索马里

乳香树（阿拉伯乳香树）

Boswellia sacra

阿曼和也门的干旱土地及索马里北部人烟稀少的多山地区是乳香属近缘植物的家园。这些物种通常呈倒金字塔形，仅有几米高。乳香树光滑的树皮像薄纸一样，容易剥落，叶子簇生在缠绕的枝干末端。它能在陡峭的山坡上站稳脚跟，紧紧依附于岩石，因为主干底部有类似垫子的隆起部分，这是一种躲避动物伤害的有效办法。冬季绽放的花朵优雅动人，每朵花都有5个乳白色花瓣和10个围绕中心点生长的白色雄蕊。授粉后，花朵中心点的颜色会从黄色变为暗红色，向传粉者发出信号，表明它们在这朵花上的工作已经完成，应该转移到另一朵花上采蜜。当树木受伤时，白色或淡黄色的乳香泪就会从特殊的导管中渗出。这种树脂和水溶性树胶的混合物能够驱赶白蚁等昆虫。把它放在燃烧的木炭上加热时，会释放出一股清新的芳香味。正是这种物质让乳香树声名远扬。村民会割下一小块树皮让树加速“流泪”，偶尔会把乳香当作口腔清洁剂，但大部分都用于出口。它是这个贫困地区特别有价值的商品。

乳香和没药（当地的另一种树脂）在公元前2500年就已经是阿拉伯南部贸易中的珍贵物品。当时，古埃及人需要用树脂来给尸体防腐，他们认为具有防腐作用而且带香味的乳香是“众神流到地上的汗水”。约公元前1500年，为了节省进口乳香的花费，埃及女王哈特谢普苏特（Hatshepsut）探索了在底比斯境内种植乳香树的可能性，这可能是世界首次皇家植物采集远征。女王的神庙墙壁上的铭文显示，女王派了5艘船，每艘配备30名桨手，前往“彭特之地”（Land of Punt，据说是非洲之角）运回乳香树种植在尼罗河上游卡纳克（Karnak）。显然，这些树没能在埃及茁壮生长，彭特之地和南阿拉伯仍然是乳香树脂不可替代的产地。

并非只有埃及人追捧乳香，大约从公元前1000年开始，一条从南阿拉伯和非洲之角一直延伸到地中海和美索不达米亚的陆上乳香之路逐步建立。大批戒备森严的骆驼商队从这条路穿行，沿途设有战略要塞和休息站。希腊地理学家斯特拉博（Strabo）把这条路线上的商队比作一支过境的军队。

老普林尼在他公元50年的著作中羡慕地称，南阿拉伯人是“世界上最富有的民族”。这片地区逐渐被称为“阿拉伯费利克斯”（Arabia Felix），意思是幸福或幸运的阿拉伯。乳香被作为礼物献给耶稣，人们认为它的价值比黄金更高，甚至有人认为它是地球上最有价值的东西。

然而，乳香之路逐渐没落了。首先，罗马水手可以直接通过海上航行到达原产地。其次，降雨量大幅减少，这意味着需要食物的饥饿动物会进一步破坏本已紧张的树木资源（现在也是如此）。最后，公元4世纪末，基督教神圣罗马帝国皇帝狄奥多西（Theodosius）下令禁止向家庭神像烧香的异教徒行为。

乳香树的现代英文名称“Frankincense”起源于古法语“Franc encens”，意思是“被选中的香”，另外英文的“Perfume”（香水）一词起源于法语“per fumum”，意思是“烟熏的”。几千年来，巴比伦人、埃及人、犹太人和希腊人都会在神庙里焚香——不过“宗教用途”在当时可能有更广泛的定义。在《圣经·雅歌》一章中，乳香显然被视为催情药和性愉悦的象征。如今，人们必须到海湾国家（那里对高档乳香口香糖的需求很大）、天主教堂或希腊东正教教堂才能闻到令人微醺的浓缩乳香芳香。截至目前，人类从树上刮取乳香至少有5000年的历史了。

马栗树（参见第38页）的花也会通过颜色变化向传粉者发出信号。

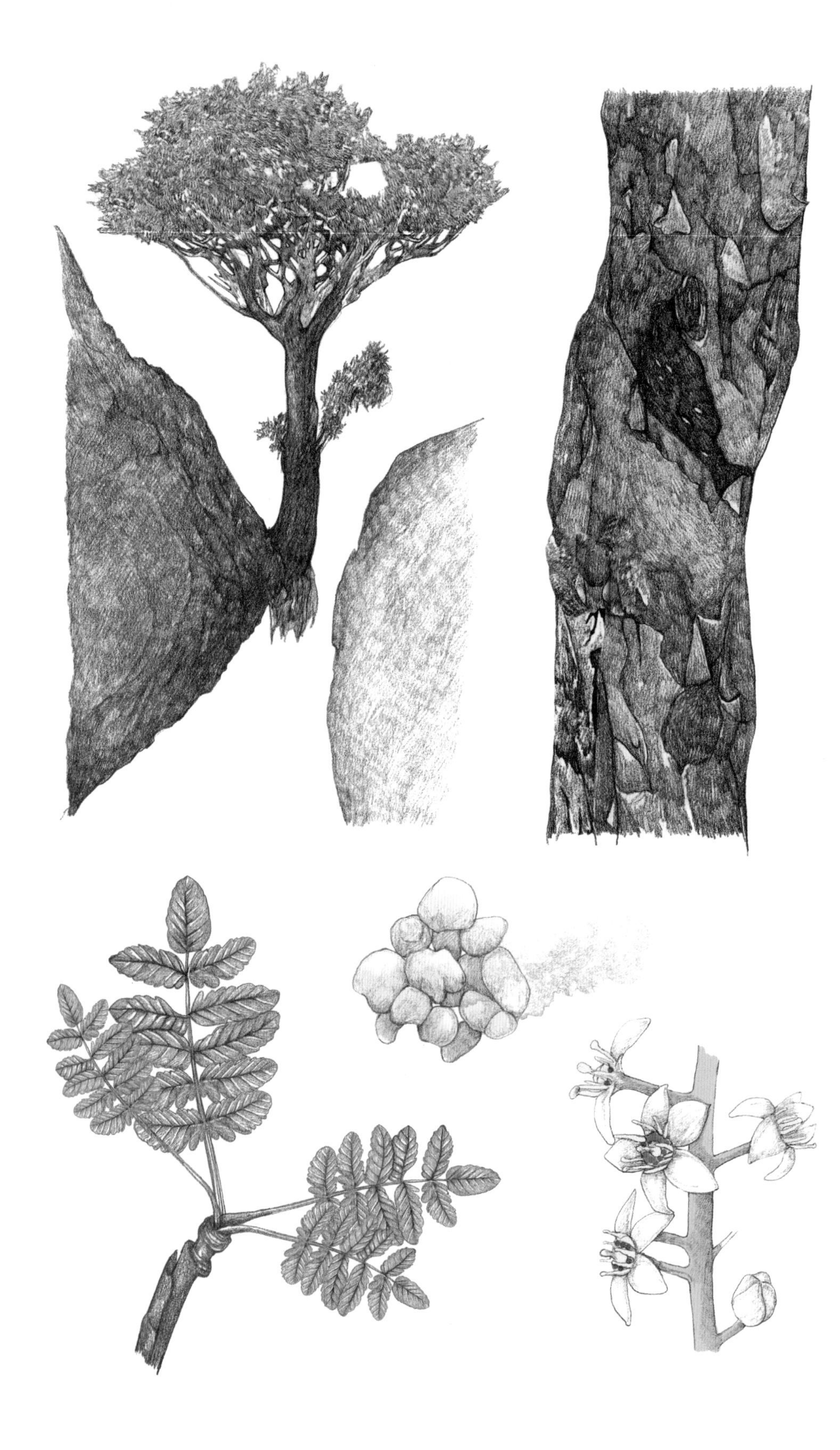

也门

龙血树（索科龙血树）

Dracaena cinnabari

龙血树是非洲之角附近也门索科特拉岛的特有物种，它们的长相怪异得就像史前生物一样。它们树形奇特，像是雨伞被吹翻了的样子，这能帮助它们在岛上花岗岩山地和石灰岩高原表面干旱的薄土上生存。该地区降雨稀少，但偶尔会有雾气成水珠，一滴滴挂在直立的细长蜡质叶上，滚落到枝干上。枝干也是向下倾斜的，引导小水滴流向主干，最终流到根部。

龙血树受伤的枝干会渗出半透明的血红色树脂液滴，这进一步增添了它的神秘感。为了让它的“血”流得更快，当地居民会小心翼翼地割开树皮或撕裂已有的裂缝，1年后再回来收集液滴和小块树脂。一棵树最多可以收集0.5千克液滴。加热液滴，干燥后形成小块就像血液凝固一样，令人毛骨悚然。在17世纪的欧洲，人们认为这种奇特的“龙血”被赋予了魔法，把它视为一种灵丹妙药。它既是重病的处方药，也是催情药和口气清新剂中令人安心的昂贵成分。现在我们知道，这种树脂含有抗菌和消炎化合物。现在当地人仍用它来漱口和治疗皮疹及溃疡。

不过，为什么要称它为“龙血”呢？索科特拉岛是印度、中东和地中海之间贸易路线上的重要站点，龙血树的名字起源可能与印度商人有关，他们把它的树脂和印度教神话一起带到了市场上。其中一个神话描绘了一头大象和一条龙在索科特拉岛上展开了一场传奇般的战斗。在这场战斗中，龙饮下了大象血，然后在激战中被压扁，这两种动物的血都流在这片土地上。公元1世纪，一本希腊航海手册也记述了这个故事，老普林尼也有所提及，这个故事开始广为流传。大约2000年后，龙血树的拉丁学名（*Dracaena*）从希腊语演变而来，意思是“母龙”。在许多语言中，它的树脂被称为“龙血”。在现在的索科特拉岛，它的阿拉伯语名字意思是“两兄弟的血”，让人想起过去印度文化的影响。

制琴师斯特拉迪瓦里用含有龙血树脂的油漆来为小提琴上色，用挪威云杉（参见第55页）来制琴。

塞舌尔

海椰子（巨子棕）

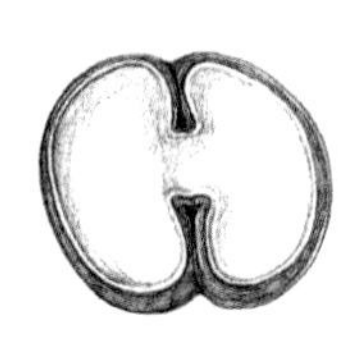

Lodoicea maldivica

17世纪，欧洲水手声称印度洋上漂浮着一种木质物体，大小和形状都像女人曲线优美的骨盆，从诱人的大腿一直延伸到匀称的臀部。它们被视为生长在水下的双椰子，因此得名“海椰子”。因为数量稀少，而且据说有催情和解毒作用，所以受到君主们的青睐。在东印度群岛，地位较低的人拥有它们是违法的。18世纪50年代，一个海椰子价值400英镑（相当于今天的7万英镑）。10年后，人们发现它们生长在塞舌尔群岛的棕榈树上，岛上各种教派都供奉它的种子。狂热的水手洗劫了这里的森林，把大批海椰子运到市场上，富有的收藏家也买得起它们了。

当地的海椰子种群现在只剩几千株，分布在普拉兰岛（Praslin）和比邻的库瑞尔岛（Curieuse）上。它们能活800年，长到惊人的30米高。海椰子树雌雄异株，雄树和雌树通常成对生长。雄树长着男性手臂一般粗的雄性葇荑花序，由成千上万朵黄色小花构成，是世界上最大的柔荑花序。雌树开的花和结的绿色果实是所有棕榈树中最大的。海椰子“先生”和“女士”是一对魅力十足的恋人，当地人现在仍然迷信地认为，晚上不能去海椰子园，打扰他们的“恋爱活动”会带来厄运。不过也许他们只是想避免被砸伤，每个果实都含有一颗巨大的种子，随随便便就重达30千克，这可是世界上最重的种子。

它们为什么这么重呢？大约7000万年前，海椰子祖先的种子已经很大了，但仍然能靠恐龙等体型庞大的动物散播。后来，现在的塞舌尔群岛和印度渐渐漂离，海椰子树和帮助它散播种子的动物隔离开来，必须适应种子落在哪就在哪发芽的状况，也就是在母树的树荫下生长。不过，营养丰富的种子给它们开了一个好头，使它们能够战胜其他物种获得阳光。现在这片到处都是同类的森林里，它们没有外来物种的竞争，只有兄弟姐妹之间的竞争。种子最大的树是竞争中的优胜者，所以它们的种子长得越来越大。这种现象被称为“海岛生物巨型化”，同样也影响着动物。因为这种现象，加拉帕戈斯群岛（Galapagos）出现了巨龟，印度尼西亚弗洛雷斯

岛（Flores）出现了科莫多巨蜥。

海椰子树长着巨大的扇形叶，几片叶子就能覆盖茅草屋顶。它们将水分和营养物质，比如空气中的花粉和栖息在树上的稀有黑色鹦鹉的粪便，输送到主干，最终输送到根部。这能帮助树木制造巨大的果实，同时断绝竞争植物的光照、营养和水。然而，海椰子必须确保它的幼苗不和母树竞争。但是它沉甸甸的果实像被塞满的行李箱那么重，很难靠风媒传播，也没有体型足够大的动物可以帮忙播散，而且不像椰子那样，可以在海水中存活。因此，海椰子找到了另一种方法。当果实掉落，外壳腐烂，6个月后，种子的“胯部”会长出一根像绳子一样的浅黄色芽，芽的顶端含有幼苗的胚胎。这根芽会钻到地下15厘米的深处，并在地下水平生长，直到距离母树3.5米远，保证不会和母树竞争的距离。然后，它会从胚胎中长出正常的芽，同时向下扎根。但在接下来的几年里，它会继续从母体种子中获取营养。海椰子树还会长一个1米宽、0.5米深的地下滤器结构，它的根穿过这个结构生长。这个结构可能起到固定作用，这对于一棵需要承受数百千克种子的树来说用处很大。

伊朗

石榴

Punica granatum

石榴经常出现在古埃及和古希腊著作中，在《圣经·旧约》《巴比伦塔木德》和《古兰经》中也有所提及。它们的果实因为丰富的种子和饱满的汁液常与生育能力联系起来。人工栽培的石榴的祖先几千年前生长在伊朗和印度北部之间干旱的多山地区，现在的品种仍然喜欢生活在昼夜温差大的环境中。石榴是小型乔木，枝干多，高5至12米，叶子光亮呈深绿色。它的寿命很长，最多能活200年。石榴花是一道迷人的风景。独特的花萼，即每朵花基部的保护层，形成了坚硬的漏斗状结构。鲜红色和深红色的皱瓣生机勃勃地从花萼迸发盛开。

石榴的颜色从泛粉的黄色到鲜亮的玫瑰色再到褐红色不等。它们有坚韧的革质果皮，确保果实采摘后能长时间保存。历史上，石榴曾是长途旅行时的提神点心。果实里面的海绵状乳白色膜包裹着数百颗种子，每颗种子都藏在多汁的外种皮（膨胀的种皮）内，颜色从半透明粉红色到深紫色不等。一颗颗饱满的果粒相互交错，挨得非常紧密。它的果汁酸甜可口，稍微有点涩。这些美味的果肉充分地弥补了种子的口感，也让一些人忽视了不知是要吐掉还是吞下种子的麻烦。

从地中海西部到南亚，虽然新鲜的石榴果实、果汁和甜酒随处可见，但只有伊朗人真正把石榴文化发扬到极致。这里有专门卖不同品种石榴果汁的摊位，一堆堆新鲜的、干燥的或冷冻的种子供人撒在果汁或冰激凌上，有时还可以加上一小撮百里香。秋季，他们把新鲜的石榴汁煮沸，直到果汁呈黏稠的深棕色糖浆状，这是石榴核桃炖菜（Khoresht Fesenjan）的重要原料。德黑兰还有一年一度的石榴节。

石榴向来有保健的美誉。用石榴来治疗腹泻、痢疾和肠道寄生虫的传统由来已久，这种水果还含有对人体有益的抗氧化剂。不过，一些人大肆宣称它有抗癌和抗衰老的功效，这种说法尚未得到更多证据的支持。吃这种水果需要我们全神贯注，这也是一种令人放松心情的益处。

哈萨克斯坦

野苹果

Malus sieversii

我们现在通过基因分析知道，我们吃的所有苹果的原始祖先都是生长在哈萨克斯坦东部天山林带斜坡上的野苹果。这种树和它许多著名的后代有一些共同性状特征。它的叶子别无两样，繁茂的白色或粉色的香花是两性花，即同一朵花既有雌蕊也有雄蕊。但因为它们具有“自交不亲和性”，所以需要其他植株才能完成授粉。花茎的顶端膨胀形成果实，称为“梨果”，每个苹果底部都能看到花的残留部分。但它和人工栽培的后代品种的相似之处只有这些了。虽然野苹果是一个物种，但树的大小和形状却有着巨大的多样性，有的高得惊人，非常不方便采摘果实。有的树偶尔会长一些个头大的甜苹果，尝起来有与众不同的蜂蜜、八角或坚果味，很适合放在超市陈列柜上销售。但就在同一棵树邻近的枝干上，结的苹果可能又小又涩。

该地区最早可能是在5000到10 000年前开始人工栽培野苹果的，或者至少开始有意地种植它们。渐渐地，最好的一批野苹果开始沿着丝绸之路运往西方。在马匹的运输、马蹄的踩踏和马粪的施肥下，完好无损的种子被带到很远的地方扎根生长。骑马的人会打包一些最可口的苹果在旅途上充饥，沿途扔下了苹果核。随后长出来的树可能产生了杂交，但它们的果实仍然高高地挂在枝头上难以够着，口味也酸甜不一。种子长成的树通常并不像它的亲本，而且果实味道也大不相同。

后来，可能早在公元前1800年的美索不达米亚，更确切的是在公元前300年的古希腊，嫁接技术得到了发展。把果实美味的树枝嫁接到矮品种较低的枝干上，就能得到方便采摘的树，稳定地结出大自然中偶然发现的任何美味果实。这就是所有现代苹果树繁殖的方式。

数世纪以来，人类不断培育又大又美味的苹果，栽培出数百种。遗憾的是，全球各地的农业只把注意力放在几十种可食用品种和十来种无性繁殖的嫁接品种上。由于近亲交配和授粉，苹果的基因多样性正在缓慢地减少。摆在眼前的问题是，等我们需要一些新性状特征时，比如不使用昂贵或有

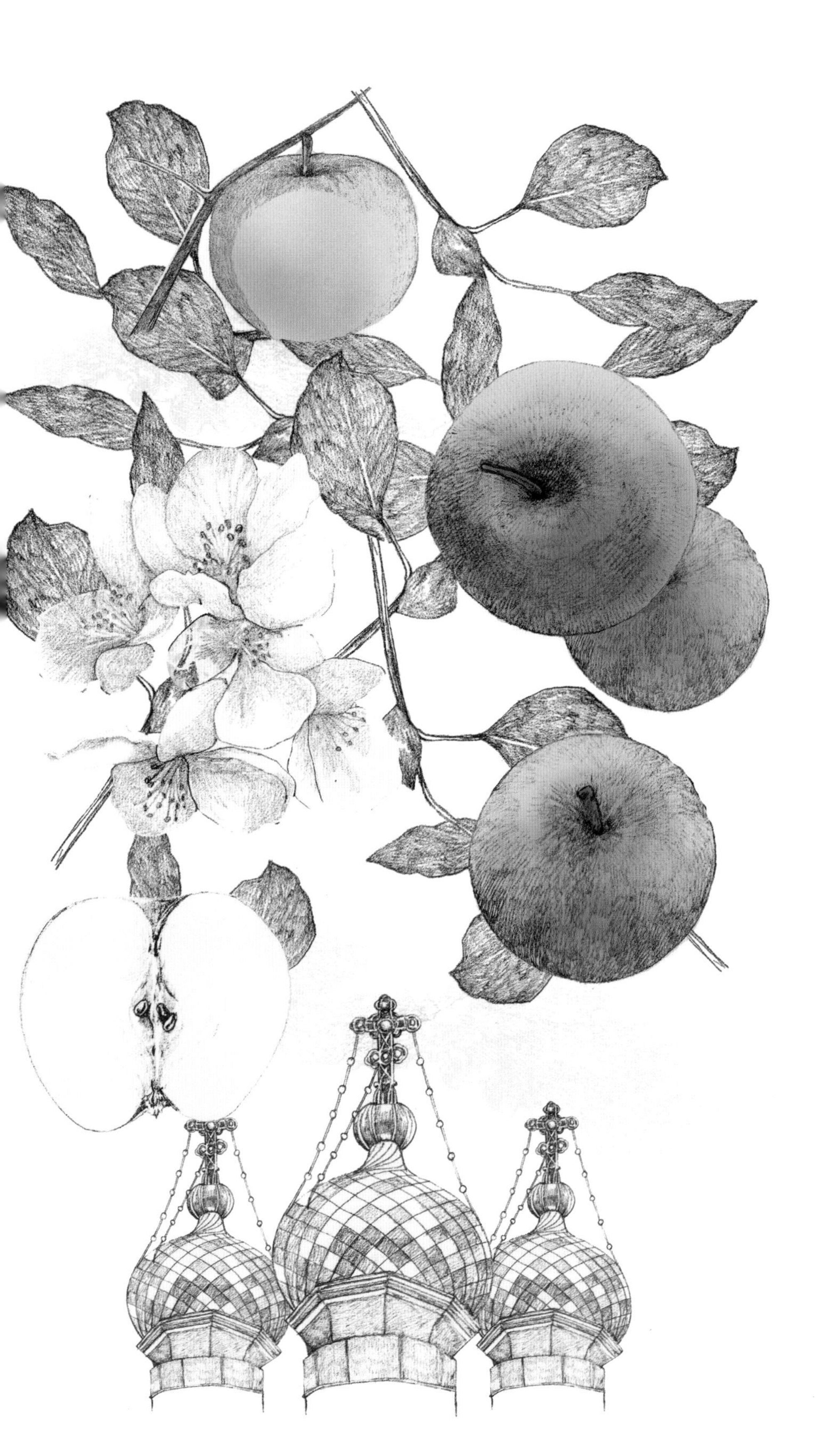

害杀虫剂就有抗病性、新口味、储存时间长、较晚成熟、容易采摘、耐旱等特征的新品种，可能赋予这些特征的基因已经不复存在了。这就是为什么现代苹果的野生近亲品种至关重要，因为中亚地区山坡上的野苹果树含有现代品种已经消失的基因信息，可以进行繁殖和再次杂交。野苹果种群在中亚分散分布，虽然种子被收集起来并储存在种子库中，但由于栖息地的消失和入侵商业品种异花授粉造成基因稀释，该物种正濒临灭绝。

苹果在文化上和宗教上有着重要的地位。《圣经》中，夏娃从智慧树上摘下来吃的果实可以解读为葡萄、石榴、无花果甚至柠檬，但通常被描绘成苹果。天山现存的森林生长着苹果（以及杏子、坚果、李子和梨）的祖先，具有重要的商业价值。它们同时也是某种意义上的伊甸园，是宝贵基因信息的摇篮，它们本身就值得保护。

白桑（参见第128页）和丝绸之路联系紧密。

俄罗斯

落叶松

Larix gmelinii, Larix sibirica

地球上最大的森林带是北方针叶林，约占地球森林总面积的⅓，连热带雨林都相形见绌。它覆盖了北极圈、阿拉斯加和加拿大北部大片地区，光在西伯利亚就有近780万平方千米的覆盖面积，被称为泰加林（Taiga）。这些地区锁住了大量的碳，有着异常庞大的重要生物量，以至于世界范围内的二氧化碳和氧气水平会随着其季节变化显著波动。这里是落叶松的领土。

川流不息的叶尼塞河从蒙古流向北极，全长3200千米，将西伯利亚一分为二。西伯利亚落叶松（拉丁学名：*Larix sibirica*）占领了从西面一直到芬兰的整片区域。它的近亲达乌里落叶松（拉丁学名：*Larix gmelinii*）的领地则向东延伸到堪察加半岛，几乎一直到这片土地尽头。它们非常相似，只是栖息地有微小差异，我们能通过微红的球果区分它们：西伯利亚落叶松的球果直直地立在毛茸茸的柔韧枝干上，而达乌里落叶松的则立在鳞片微微外张的枝干上。落叶松针叶细而柔软，一簇有十几根，附着在水平生长的树枝上。幼树外树皮呈银灰色，随着年岁增长会变成红褐色，并增厚长出裂纹，而藏在里面的内树皮则呈鲜艳悦目的栗色。

西伯利亚非常不适合居住，一年的温差超过100℃。在西伯利亚南部，这些针叶树能长到30多米高，但在北极圈附近，由于受到恶劣天气影响，它们只能长到5米。春天通常非常短暂，随后只有两三个月没有霜冻，气温可达30℃。冬天则极其凛冽。在一些地区，12月至次年3月的月平均气温为-40℃，寒冷的夜晚会降到-65℃以下。永冻层，即永不融化且无法穿透的土石层，在这个地区非常常见，而且就在地表下。作为世界上最耐寒、生长在最北端的树木，达乌里落叶松通过其特有的能力茁壮生长，形成广阔的针叶林森林带，并战胜了该地区的其他物种。

西伯利亚的落叶松已经进化出多种对低温和缺乏液态水环境的适应能力。和其他高纬度针叶树一样，它们瘦长的圆锥形树形能防止积雪，避免对树枝造成伤害。它们的针叶表面积小，能够减少蒸发，表面的蜡质层能防止脱水（蜡粒子小到可以散射最短波长的光，所以树木看起来带着蓝色

调）。落叶松是落叶乔木。夏末的日子里，它们会变成耀眼的金黄色，脱落针叶来进一步减少水分流失。秋季，它们会调整自己的防冻生化特性。比如，它们会在厚厚的树皮和枝干内积攒松脂，用各种糖类置换水，否则这些水会在细胞内冻结，使细胞破裂。达乌里落叶松的主根接触到永久冻土就会死亡。因此这种树终生都只依赖非常浅的根系生存，它的根分布在未完全冻结的表层土壤中。

据说19世纪的俄罗斯人用西伯利亚落叶松树皮制作精美的手套，可与精致的麂皮手套相媲美。人们认为这种手套更耐用，而且夏天戴更凉爽舒适。落叶松木材现在广泛用于房屋建造、木板包层、造船和贴面，并用于纸浆制作。芬兰和瑞典有许多大型落叶松种植园，获取木材比西伯利亚东北部更便捷。

一个奇怪的现象是，虽然西伯利亚和达乌里落叶松能自信地应对极端气温，但在温带气候下却活得不太好。在西欧地区，乍暖还寒的初春时节"欺骗"落叶松开始萌芽，却令它们容易受到霜冻影响。落叶松似乎能经受一切，但不确定性除外。

印度

腰果

Anacardium occidentale

腰果原产巴西，到17世纪初期，当地土著人工栽培腰果已经有数百年的历史了。这时葡萄牙殖民者才意识到它的价值，并开始把它传播到他们的国家和殖民地。这就是腰果登陆东非莫桑比克和印度西海岸果阿的原因。

腰果是长绿乔木，枝叶浓密舒展，具革质叶。它能长到15米高，不过为了方便农民劳作，人工培育的品种较矮。腰果树有看起来像果实的假果，是由花托膨大发育而来的，也称“腰果梨”（真果则是由子房，即花朵中含有卵细胞的部分发育而来的）。腰果梨只有小梨子大小，虽然有点酸涩（印第安人的图皮语称它为“Acajú”，意思是“咧嘴酸果”），但完全可以食用。腰果梨吸引动物把它传播到四处，但它不含种子。而含种子的结构则像一双小小的拳击手套，奇怪地悬挂在腰果梨外部。这副拳击手套“出拳”有点狠。它的坚果有两层壳，壳中含有腐蚀性极强的油，油中的腰果酚和腰果酸成分会立即引起起泡和红肿，其效果与同属漆树科的毒漆藤（*Toxicodendron radicans*）的毒素相似。这种油能保护坚果掉下来后不被吃掉。腰果树的坚果很快就会掉落，但通常掉落得较远，不会和母树产生竞争关系。

人类食用时，先将腰果壳蒸开（即使不带外壳的坚果本身也必须煮熟），然后将种子烤熟，排出全部残留的毒素。图皮人（Tupi）和阿拉瓦克人（Arawak）是最先发现腰果种子是美味食物的人，我们很难想象他们是如何灵机一动想到这个主意的，或者是处于何种绝望处境才萌生这个想法的，毕竟反复试验食用方法的过程一定非常煎熬。果阿人（Goans）用腰果梨蒸馏制成一种叫“芬尼”（Fenny）的烈酒，不过其烈性一定比不上保护坚果的腐蚀性油。

巴西红木（参见第182页）和葡萄牙也有着紧密的联系。

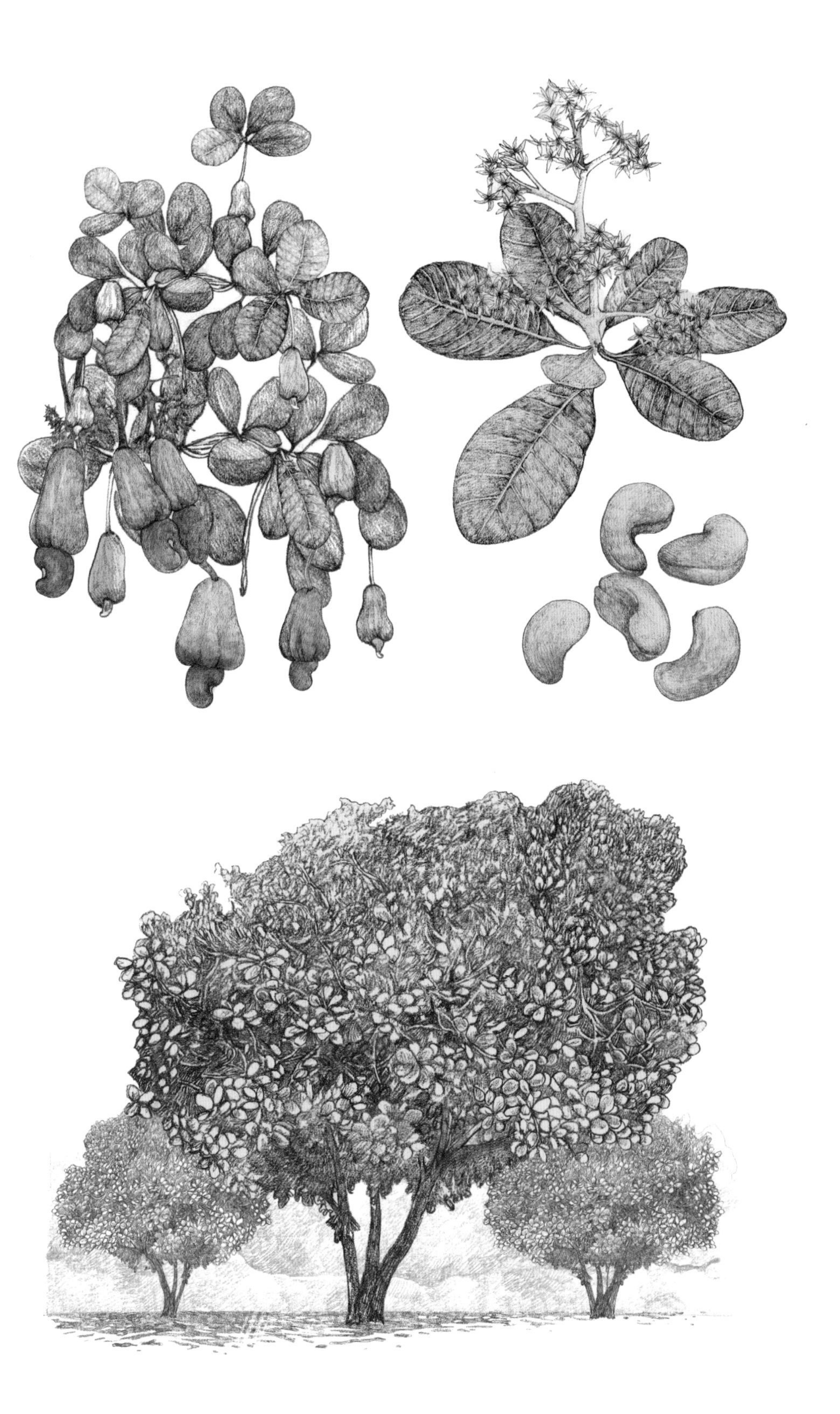

印度

孟加拉榕

Ficus benghalensis

孟加拉榕和它的近亲（同时也是它象征意义上的雄性伴侣）菩提树（参见第122页）一样，原产印度次大陆，常见于寺庙和村民集会地，受到人们的尊崇。不过，它们的不同之处在于，孟加拉榕这个物种有着地球上最大的树冠。它的英文名“Banyan”来源于统称印度商人的单词“Banians”。据说仅一棵孟加拉榕的树荫就能遮住一整个繁华市场。

当鸟类、蝙蝠或猴子在另一种树潮湿的裂缝中排出粪便时，其中的孟加拉榕的种子就与这些肥料在裂缝中沉积，由此展开巨人的生命旅程。它最初是一种附生植物，利用另一种植物只是为了支撑自身，而营养和水分是从周围环境吸收的。不久，它的小嫩芽就急急忙忙地把细根探到地里，开始给上方不断生长的树供应营养。这些根肆虐地扩展，很快就能包围住宿主主干，并和它结合在一起，或者说“融为一体”，形成一张光滑的灰色密网。最终，宿主树会因为饥饿和绞杀死亡，通常会留下一件引人注目的“紧身衣”，这件衣服由孟加拉榕的气生根织成，中间的空心是死去的宿主树曾经存活过的痕迹。根据18和19世纪探险家们的描述，对好奇心盛的西方读者而言，以孟加拉榕为代表之一的“绞杀榕”体现出东方神秘、危险而又美丽的特质。

成熟的孟加拉榕枝干会垂下由纤细的气生根构成的帘子。当这些根接触地面后，有一些会扎入土壤，并变得粗壮，形成支柱根，为上方不断生长的枝干提供营养和支撑。通过这种方式，孟加拉榕可以不断向外而不是向上扩展，覆盖一片巨大的区域。覆盖面积最大的纪录保持者是印度阿嫩达布尔和加尔各答的两棵孟加拉榕，它们都占地超过18 000平方米，拥有数千根支柱根系，直径超过0.8千米。

木棉（参见第80页）树下也是传统的集会场所。

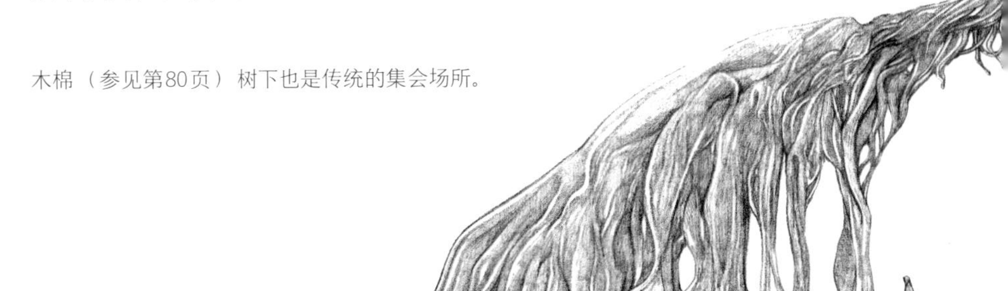

印度

槟榔

Areca catechu

对一棵能长到30米高的树而言，槟榔树细得令人难以置信。它的树干有叶子掉落后留下的环状痕迹，让它看起来像一座由圆盘垒成的宝塔。它簇生累累的深橙色果实，每颗果实都包含一颗肉豆蔻大小的种子，果实外壳也有和肉豆蔻相似的大理石花纹。从印度横跨整个亚洲热带地区再到斐济，整片地区的种植园里都有槟榔树的身影，种植目的正是收获它的果实，其中含有令人兴奋的药物成分。全世界槟榔果的年产量超过100万吨，其中⅔是由印度产出和消费的。

槟榔的味道让人想起香茅和丁香，略带一丝碳酸防腐剂味，其中含有大量单宁酸，让人吃完后酸得咧嘴。不过味道倒是其次。它还含有槟榔碱等生物碱类药物成分，咀嚼时极易通过口腔内壁被吸收。这些成分令人先是感到微微飘飘然，随后神经高度兴奋，最后体验到一种放松的暖意。在整个亚洲地区，每天都有数亿人食用槟榔。它主要起到社交作用，并作为餐后解乏的助消化物，另外，许多跑长途的卡车司机习惯用它来提神，这种现象令人担忧。

有专门销售槟榔的街头小贩，他们在印度被称为“Paanwallah”（意思是卖蒌叶的人）。他们把槟榔屑包裹在蒌叶（*Piper betle*）的心形叶片中，再加上一点从灰烬中提取的熟石灰，使混合物呈碱性，促进药物的释放。这些小贩的摊位上摆满各种神秘的罐子和药剂。他们与顾客亲切交谈，并推荐一些调味剂，比如小豆蔻、肉桂、樟脑或烟草等。咀嚼时，这种槟榔包会变成朱红色，促进唾液分泌。嚼完后，食用者会把它们吐掉，从来不会吞下去。它让口腔产生一种神奇的清凉感，但也在人行道上留下血红色的污渍。在发明唇膏前，人们曾用槟榔把嘴唇染成诱人的鲜红色，但咀嚼槟榔会使牙齿颜色变深，最终变黑。在19世纪的暹罗（现在的泰国），深色的牙齿很受欢迎，据说连假牙都是黑色的。虽然槟榔在印度的食用量仍在不断攀升，但在其他地区却趋于平稳。一部分是因为槟榔和各种癌症的联系，另一部分是因为它正被烟草取代。

印度

印楝

Azadirachta indica

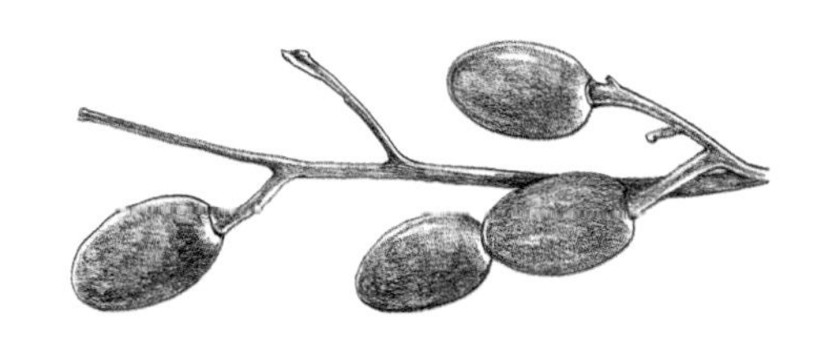

数以百万计的印楝树是印度农村一道随处可见的风景。这些修长优美的常青树可以遮阴纳凉，因此很受欢迎。它们可以在干旱地带甚至贫瘠的土地上茁壮生长。它开出的白色小花带有蜂蜜香气，引得蜜蜂纷至沓来。它们结橄榄形黄绿色果实，果实含有一种油，在传统医学和民间传说中有大量记载。印楝是一种被用来治疗几乎所有疾病的本土药物，它在当地是文化地位很高的万能药，类似犹太人的鸡汤或东南亚人的虎标万金油。数百万印度人深信咀嚼印楝枝有清洁口腔的效果，不愿使用牙刷。人们把它那独特的锯齿状叶子挂在简陋的乡村家庭门口，一串串叶子随风飘动，被认为可以为住在里面的人提供庇护。

这一切都让我们不禁发问，印楝广为流传的奇效究竟有多少基于毫无根据的迷信，又有多少基于科学依据？经分析表明，印楝的提取物含有大量抗菌化合物，许多宣称的奇效确实有充分依据。不过印楝最厉害的地方在于，它能改变昆虫的行为，这一说法得到了经过审议的科学证据强有力的支持。

当昆虫看到一棵树时，它肯定心想："午餐来了！"因为树木不能奔跑或躲藏，所以它们进化出许多防止被啃食的防御手段。印楝树的防御手段非常奢侈，它的叶子、树皮，尤其是它的油，全都含有大量驱虫的生物化学物质和类固醇类化学物质，能严重影响攻击树木的昆虫的生命周期。巧妙的是，印楝的花或花蜜中不含这些化学物质，所以蜜蜂等对其有益的传粉者几乎不会受到任何影响。

印楝提取物能够有效地使昆虫对食物失去兴趣，即使是一大群蝗虫也会避开经过这种提取物处理过的农作物。许多昆虫宁可饿死，也不愿摄入这种化学混合物，因为这种物质会破坏它们重要的生命行为，比如变态过程，甚至更重要的进食过程。因此，印楝提取物能够很好地驱除像蚊子之类的有害飞虫，即使在浓度仅为0.001%的情况下也很有效。所以那些挂在乡村家庭门口随风飞舞的印楝叶的确起到了保护作用。

印楝对生态系统的破坏没有人工杀虫剂那么严重，很可能是因为它的分泌物是可降解的，在阳光照射下1周左右就会消失。它的作用也不同于那些用单一毒性物质立即杀死昆虫的杀虫剂。相反，它含有一系列化学物质，能够同时破坏昆虫生命的不同方面，使它们很难进化出相应抗性。虽然这种物质对鱼类有害，但对温血动物和人类几乎没有什么影响。印楝果实一直得到人们的喜爱，而印楝提取物应用于化妆品和面霜中已经有上千年的历史。在北美等地区，人们已经获得许可把它当作杀虫剂使用，甚至会喷洒在儿童的床上来防治床虱。

印楝树已经成功地栽种到印度棉花田和西非菜地中。既然印楝杀虫剂安全有效、经济、具可持续性和生物可降解性（而且还有一个积极作用：种植它们是有利环境的植树造林），那么令人不解的是，为什么它在全世界范围内没有得到广泛栽种。究其原因，与其说和科学有关，不如说与经济有关。印楝有悠久的使用历史，这使得商业公司很难为相关产品申请专利。因为无法保护产品免于竞争，这些公司就没什么动力为获取产品监管批准、打广告和销售进行投入。而销售人工合成化学物质可以得到更多利润，尽管在某些情况下，这些人工合成化学物质效果更差，甚至毒性更大。由此可见，市场的自由取舍并不总是正确的。

印度

菩提树

Ficus religiosa

菩提树原生地在巴基斯坦和缅甸，它深深地扎根在印度中部和北部的自然和文化景观中。它为小说和电影中数不清的场景提供了原汁原味的背景，也是佛教徒、印度教徒和耆那教徒心目中的神圣象征。所以，在印度你很难找到一个没有菩提树的村庄，也很难找到旁边没有寺庙的菩提树。“去看菩提树”甚至成了“去祈祷”富有诗意的委婉表达。

据说可以存活数千年的菩提树生长得很快。它的主干幼时树皮光滑，常常微具纵纹。但随着年岁增长，树皮会以块状脱落，变得凹凸不平，长出气生根。它的气生根常常从树干外部往下垂到地面，支撑和稳固树木，也为其他植物和动物提供庇护。菩提树是落叶乔木，叶子在仲冬时节凋落。4月刚长出的叶子充满生机，有朱红色、古铜色和粉色的，这是许多树种都有的性状特征。昆虫和其他食草动物更喜欢吃嫩叶，所以许多树在叶子变硬前不会往叶子内注入宝贵的叶绿素。没有叶绿素的新叶营养较少，所以更不容易被吃掉。虽然红色叶子也需要养分，但昆虫很难看见它们，所以进一步降低了被啃食的可能性。菩提树的叶子成熟后会变绿，顶部有光泽，底部则变暗变白，叶面有明显的黄绿色叶脉，背光时在炽烈强光的照射下看起来通体透亮。它们有手掌般大小，近三角形或心形。每片叶子末端都有一个独特的滴水尖，它的作用不是过滤雨水中的矿物质或争取更多光照，而是更快地排掉叶面的雨水。夜里，因为叶片皮革般的质感和修长柔韧的叶柄，可以听到它们随着微风飞舞和相互碰撞的声音，那是一种奇怪的沙沙声，十分独特。

公元前6世纪末，佛陀悉达多·乔达摩（Siddhartha Gautama）正是静坐在一棵菩提树下冥想时获得了觉悟。印度东北部比哈尔邦的菩提伽耶（Bodh Gaya，意思是“觉悟之地”）有一座大寺庙，代表佛陀的成佛之地。这里原来的那棵菩提树已经枯死，现在生长于此的是斯里兰卡阿努拉德普勒一棵菩提树的幼苗，而斯里兰卡的那棵菩提树正是由公元前288年在菩提伽耶为佛陀遮阳的那棵菩提树的枝芽长成的。

印度教徒认为婆罗门、湿婆和毗湿奴这3位大神都和菩提树有着密切联系，如果妇女们在星期六把一根线绑在菩提树主干上以示虔诚，拉克希米女神（Lakshmi）就会现身，赐予她们生育能力和财富。如果一棵菩提树和一棵印楝树缠绕到一起，人们会认为它们的结合有吉祥的寓意。人们会为对幸福的树伴侣举行一场象征性婚礼，如果它们生长的地方还没有寺庙，人们就会为它们建一座。

至于它的果实本身，和其他榕属植物一样，是由肉质花托形成的“假果”。花托内壁表面有无数小花朵，由小黄蜂进行授粉。果实接近球形，全部长在枝干上，但没有柄。成熟时，它们从黄绿色变成深紫色，再变成几乎全黑。它们大小和樱桃差不多，人类只有在饥荒时期才会食用它们。椋鸟和蝙蝠喜食它们，把种子传播出去，令其在其他树木潮湿的裂缝或墙壁的缝隙中发芽。这给信教或迷信的人带来一个问题，因为按照习俗，“砍下菩提树比杀死圣人罪孽更深”，所以即使它们可能造成破坏，他们也不愿拔掉菩提树的幼苗。要是世界上有更多树能有这种禁忌该多好呀！

颤杨（参见第211页）的叶柄也是扁平的，叶子随风飘扬时也闪闪发亮。

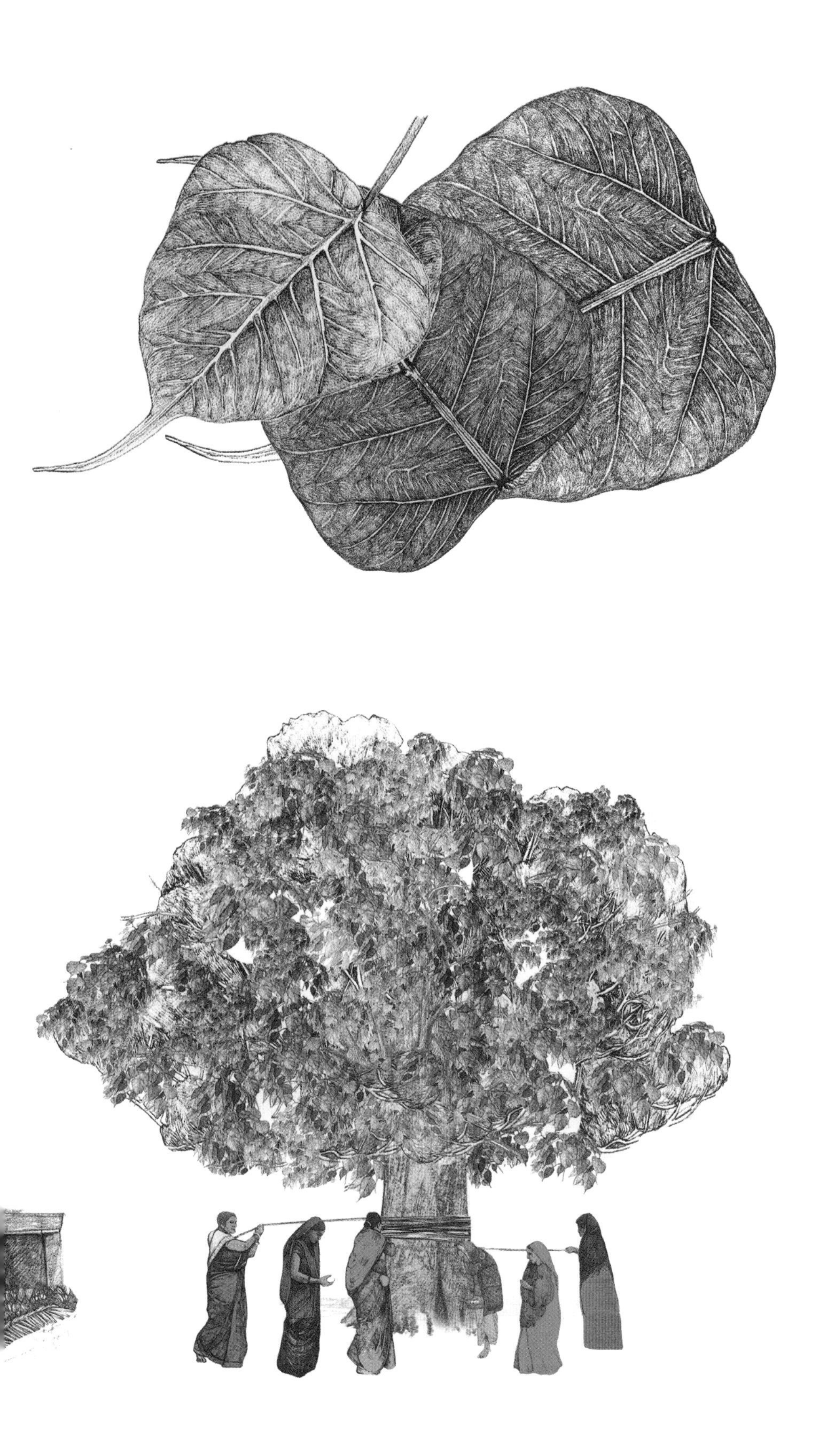

中国

花椒（野花椒）

Zanthoxylum simulans

虽然花椒的名中有个“椒”字，但它和辣椒、甜椒还有我们日常食用的开花藤本植物黑胡椒都没有关系。它是另一种调味品来源，有着不同寻常的作用。

花椒是生长在中国北部和中部山地森林中的小灌木。它的树皮上长满了锐刺，主干和大枝干上的刺因木质化变得坚硬，使树看起来像长满鳞片的爬行动物，这也是它在北美俗称“刺楞”的原因。夏季，朵朵白色小花在富有光泽的深绿色复叶的衬托下十分醒目。随后结出的果实看起来像浆果，圆圆的，表面凹凸不平，略干燥。它们最终会变红，一侧裂开，释放出油光发亮的黑色种子。种子外壳含有一种叫作山椒素（Sanshoöls）的化合物，这种化合物会对我们的感官产生一种特别的刺激。

薄荷放入口中有一种清凉感，虽然它本身并不凉。辣椒也会欺骗我们，让我们产生发热的感觉，但实际温度并没有变化。这些都是一种名为“感觉异常”的神经欺骗现象的例子。除了在菜肴中广泛添加花椒的中国、尼泊尔和不丹等地区，其他地区很少有人知道，人的嘴巴会在欺骗下产生一种振动感。一项由极其耐心的志愿者参与的研究表明，在接触花椒1分钟内，他们感觉自己的嘴唇和舌头以每秒50次的频率不断振动。有些人表示，这就像用舌头舔一块9伏电池。（嘿嘿，我们都干过这种事。）伴随着强烈刺痛感的是大量口水和麻木感，给人一种稍纵即逝却又异常愉悦的感觉，让第一次尝试的人不知不觉地垂涎三尺。美洲土著用这种树的一种亲缘树来缓解牙疼。一门叫作“刺痛心理物理学”的科学分支正在研究花椒中的山椒素等成分在感知和应对疼痛方面的重要作用。

花椒进化出山椒素等成分的原因尚未确定。最新实验表明，这种化学物质可以保护水稻幼苗不被除草剂误伤，所以它可能是花椒树的某种防御机制。对讲汉语的人来说，这种刺痛麻木的感觉一点就通，可以用一个简洁的词来形容：麻辣！

中国

白桑（桑）

Morus alba

有两种分布范围广且亲缘关系密切的桑树，它们都是中等大小乔木，树干细长多瘤节。黑桑的叶子粗糙，呈心形，白桑的叶子则较为光滑。它们中的其中一员改变了历史进程。

黑桑（*Morus nigra*）原产亚洲西南部，通过人工栽培和鸟类传播种子，已经遍植欧洲各地。它的果实很美味，很好地平衡了酸味和甜味，但所及之处都会留下异常顽固的污渍。它们也很少出售，因为很容易碰伤，就像莎士比亚说的那样，“熟透的桑葚软得不堪一触”。

原产中国东部的白桑树果实则呈米黄色或淡紫色，略带甜味，但口味很淡。不过，它的叶子是桑蚕最好的食物。大约在4500年前，中国发展了蚕业，通过养殖野桑蚕（*Bombyx Mandarina*）生产蚕丝。人们对桑蚕进行全面培育和驯化，把它变成一种完全依赖人类生存的物种——家蚕（*Bombyx mori*），它们无法飞行，所以不能寻找配偶进行繁殖。桑蚕以一层层桑叶为食。它们吐出的蛋白质蚕丝有0.01毫米粗，1个蚕茧的丝约0.8千米长。每根蛋白质纤维都闪闪发光，因为它的三角形截面使各个平面都反射和折射光线。将这些纤维缠绕在一起，可纺成丝线。

要是让那些只摸过羊毛和亚麻布的人摸一摸丝绸，他们一定会觉得真是太丝滑了！在2000多年前的汉朝，人们对这种有光泽感的奢侈织物需求量很大，甚至引发了整个丝绸运输和贸易体系的建立。丝绸之路成为陆地和海上航线的网络，先是通往中亚，然后又联结了韩国、日本、印度，以及阿拉伯和欧洲地区。它不仅实现了贸易往来，而且促进了思想交流，为沿线所有文明的经济和知识发展做出了贡献。

在中国古代很长一段时间，中国人成功地守住了养蚕业的秘密，严禁泄露给外国。他们对走私桑蚕或桑树种子的当地人处以重刑，从而巩固在这一行业的垄断地位。不过，即使不采用这种威胁手段，世界上大部分的丝绸仍来自中国。直到今天，中国人还在用以白桑叶为食的桑蚕的蚕丝制作丝绸。

日本

中国漆树（漆树）

Toxicodendron vernicifluum

漆树的汁液给我们提供了一种制作精致工艺品的媒介，但它的背后有一段令人不安的历史。漆树可达20米高，树干笔直，树冠对称优美，生长在海拔约3000米的山上和森林里。它长着大型复叶，叶子背面被柔毛，果实皱巴巴的，有豌豆般大小。漆树可以称得上美丽，但老去后便不再优雅了，当树龄超过60岁时，它们会渐渐枝叶稀疏，青春容颜不再。

漆树原产中国东部，约5000年前引入日本。日本人学习并改进漆器工艺，发展出了具日本风格的漆器艺术。特别是在17世纪，漆器工艺变成了一个价值极高的产业。在1868年明治维新前，每棵用于提取汁液的漆树都必须记录在案。那些伤害或频繁击打树木的人会受到严厉惩罚，漆树的种植主甚至需要取得官方特殊许可才能砍掉枯死的树桩。现在，日本大部分漆树汁液从中国进口。

割漆开始于仲夏，工匠在漆树身上划许多平行的口子，让树木流出汁液。这种珍贵的汁液出产量很小，每棵树每年只能收集约0.25升，能连续收集3到4年，然后需要让树木休养生息。汁液经过过滤和热处理后，用朱砂、炭黑粉或金属粉末等研磨矿物质调色，然后小心翼翼地一层层涂在木质、竹质或纸质器具上，每涂一层都要进行干燥和抛光。我们可能没想到，漆液需要潮湿环境来干燥和硬化。它会在空气中形成一层光亮、坚硬的防水表面。在现代塑料出现以前，漆是一种珍稀材料，时至今日，一些关于漆器工艺和漆器制作的具体细节仍然严格保密。

一些特殊漆器部件需要上几十层漆，花费数月时间制作，并且常常会融入复杂的金箔或通草纸等设计。用这种方法制造的乐器、屏风、珠宝、盒子和碗等手工艺制品都是美得不可方物的艺术品。

不过，正如它的拉丁学名展示的那样，漆树有着令人不悦的另一面。它的属名为“*Toxicodendron*”，其中“Toxic”的意思是“有毒的”。它的汁液含有一种叫作漆酚的油状物质（Urushiol），这是一种非常讨人厌的化学物质，北美人很熟悉也很害怕它，因为它也存在于同属漆属的毒常春藤（Poison Ivy）中。5世纪时，中国学者把皮炎归为和漆树打交道的农民的职业病。液体漆酚会引发严重皮疹，甚至其蒸发的气体也会引起持续数月的瘙痒症状。不过，漆器风干后就是安全无毒的了，还可以用来储存食物。

漆树在历史上最令人毛骨悚然的用途莫过于以下这种。日本北部一个鲜为人知的苦行僧宗派想成为即身佛，获得觉悟。他们的成佛过程持续数年，先是逐步减少食物摄入，实行以种子、坚果、树根和树皮为食的节食食谱。为了让他们的尸体成为“肉身舍利”，这些僧人开始喝漆树汁液制成的漆茶，对自己进行防腐处理或把身体“木乃伊化”。经历了严重的脱水和缓慢的死亡过程后，他们的身体不易腐烂，而且因为毒性太大或气味太重，连蛆虫也避而远之。3年后，打开他们的坟墓，少数几个肉身不腐的被认为已经成佛。这种行为直到19世纪末才被视为一种非法的协助自杀行为。如今，有几座日本寺庙仍然展示着这种保存完好的遗体，据说就是那些把自己制作成肉身舍利的僧人的身体，看起来触目惊心。

腰果（参见第114页）树上也有类似漆酚的化学物质。

日本

染井吉野樱（东京樱花）

Prunus × yedoensis

对日本人来说，没有什么树比樱花更重要了。日本有数百种不同的本土品种和人工栽培杂交品种的樱花，花色从白色到深红色不等，但最受欢迎的是五瓣的吉野樱花。吉野樱花是结实的小型落叶乔木，它的花几乎是纯白色的，近花心处微泛着淡淡的粉红色。春天时，树叶还没有长出来，它的花就先绽放了，满树繁花的景象令人目眩神迷。绚丽灿烂的樱花盛开期只持续不到1周，短暂的花期让人们愈加珍惜它的美，也和佛教活在当下的理念产生了共鸣。樱花在日本文化中象征着一种“物哀”（Mono No Aware），传达一种“世间万物的哀伤”。日本举国上下都能理解这种情感，并把它视为日本精神的一部分。

观赏樱花和在樱花树下野餐的活动称为“花见”（Hanami），其历史可以追溯到1000多年前。花见起初是贵族的消遣方式，17至19世纪的江户时代开始流行起来，现在几乎是每个日本人都会参加的活动。3月底的那几天，东京皇宫宽阔的护城河上，情侣们划着小船，船只在漂浮着樱花瓣的白色花河上留下几条波痕。花见期间，人们举家前往，热热闹闹地挤满城市公园，所有学生和上班族也都满怀期许参与这一大型社交活动。媒体也密切地追踪着樱花在全国依次盛开的前线动态。数百年来，日本关于樱花盛开时节的详细记录甚至被应用于气候变化观测。

仔细观察，你会发现樱花树在日本随处可见，大多数学校和公共建筑周围、寺庙里、河岸上都种满了樱花。日本人种植樱花不仅是为了一瞥它们绽放时的美丽，而且也因为它们在文化、宗教甚至政治上有着重要的地位。和服、文具、陶器、邮票、硬币，甚至人们身上都能看到樱花图案，它是日本传统刺青（Irezumi）常见的一大主题。染井吉野樱和日本人的身份认同感紧密相连，是日本民族主义的象征。

泰国

橡胶树

Hevea brasiliensis

热带森林具有错综复杂的环境，许多物种在每0.01平方千米内只有几个个体，这种隔离状态可以让害虫数量保持稳定。由于附近潜在的配偶数量极少，为了成功地完成异花传粉，同一树种的所有树木必须在同一时间开花，所以它们需要一个相同的生长周期。赤道地区的昼长变化很小，几乎可以忽略不计，因此树木无法通过判断昼长变化触发开花进程，而橡胶树会对昼夜平分点前后阳光亮度的微小变化做出反应，然后齐刷刷地开花，形成一簇簇气味刺鼻的黄色钟形花，花丛中活动着蠓和蓟马等昆虫为它们传粉。结果后，有3条纵沟的果实在完全成熟时会爆裂开，散播带斑纹的大种子。种子随着附近的水域流到其他地方发芽（除非它们坚硬的外壳先被食人鱼咬开）。

许多热带树木都会分泌含有橡胶成分的白色乳胶，但橡胶树是最著名的一种。它原产巴西、委内瑞拉和哥伦比亚的亚马逊河（Amazon）和奥里诺科河（Orinoco）流域，最初被称为“泪木”（Caoutchouc）。橡胶树是大戟科（Euphorbiaceae）的一员。它黏稠的乳胶是一种含橡胶约50%的水悬浮液，储存在树皮乳管中，能够快速渗出并迅速凝固密封树皮伤口。工匠在树上割锯齿状切口取用乳胶时，还会使用抗凝化学物质来防止乳胶凝固，让它们不断流出。

1531年，墨西哥阿兹特克人（Aztecs）在西班牙的球场上引起了轰动。他们用一种以前不为人知的弹性橡胶球（但事实上这种球是用另一种植物做的）展示了原始的篮球。到18世纪70年代，英国人开始用凝固的三叶橡胶（Hevea）的树胶制作橡皮，用来擦除铅笔痕迹（所以得名“橡皮”）。在当时的伦敦，一块小小的“印度橡皮”能卖3先令，这在当时可是一笔不少的钱。几个世纪以来，亚马逊河流上游的部落一直用橡胶来制作鞋子，还用橡胶来做防水材料。直到19世纪20年代，苏格兰人查尔斯·麦金托什（Charles Macintosh）才用溶解后的橡胶来处理以他名字命名的雨衣布料。

但是直接使用从树上割取的橡胶在低温下容易开裂，在高温下则会变得黏糊糊的。1839年，美国人查尔斯·古德伊尔（Charles Goodyear）发现，用硫黄煮过的生橡胶会变得更坚韧，而且能耐受极端温度。这种硫化橡胶从此随处可见，它被用于生产泵、蒸汽机、梳子和紧身胸衣等。据说，著名的英国连环杀人犯、开膛手杰克正是穿着这种橡胶底靴子，悄悄地接近受害者。橡胶很快供不应求，价格一路飙升，亚马逊出现一股混乱的采胶热潮，导致过度开发。1876年，英国人亨利·威克姆爵士（Sir Henry Wickham）从巴西向邱园运送了70 000颗橡胶树种子。这批橡胶树幼苗从邱园分发到英国在亚洲的几个殖民地，在那里种植并最终成功地繁殖。这批树苗就是今天大型橡胶种植园的祖先。

1888年，约翰·博伊德·邓洛普（John Boyd Dunlop）为第一款成功充气的橡胶自行车轮胎申请了专利。20世纪初，凡士通（Firestone）、固特异（Goodyear）、米其林（Michelin）和倍耐力（Pirelli）等公司生产的汽车轮胎、橡胶密封圈、垫圈、垫子和软管等产品让它们成为家喻户晓的品牌，最终使公路的发展赶超了铁路。

1928年，亨利·福特（Henry Ford）试图在亚马逊建立另一条供应链。巴西政府给了他10 000平方千米土地种植橡胶，他在那里打造了“福特之城”（Fordlândia），一个可以容纳10 000名工人的工业城镇。但这个城镇并没有存留多久：一方面，黄热病、疟疾和文化误解（福特明确禁止喝酒、抽烟、带女人或踢足球）削弱了当地劳动力的干劲；另一方面，经验不足的管理者不当的用土和树距，导致真菌叶枯病和虫害在树木之间传播。1934年，福特之城被弃用，现在几乎是一片荒芜。

第二次世界大战期间，轴心国控制了大部分橡胶种植园，加快了用化石燃料及其副产品人工合成橡胶的步伐。现在，全世界一半的橡胶仍然来自橡胶树。但不论橡胶的来源是哪一种，它都存在弊端。一方面，主要在泰国和印度尼西亚种植的橡胶树，在大型种植园内被人工照料和开发利用，但是会破坏热带生态系统，并且容易得叶枯病。另一方面，生产人工合成橡胶的化工厂依赖的原材料有污染性。这两种来源的橡胶都会消耗大量能源和水源。可是，现在人类怎么能没有避孕套和汽车轮胎呢？

橡胶树的荚果会爆裂，但它们的威力远远比不上响盒子树（参见第190页）。

马来西亚

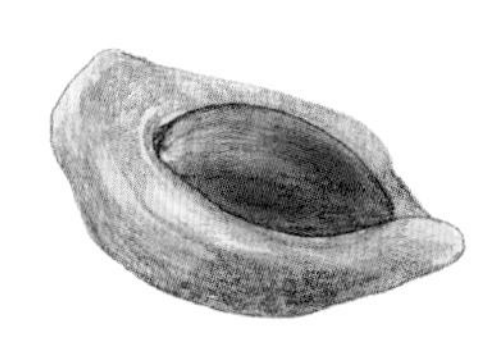

榴梿

Durio zibethinus

对于一棵结着6千克重硬壳果实的树来说，榴梿的姿态异常优雅。它的叶子呈长椭圆形，顶端尖，叶片中间有一条明显叶脉，表面光滑呈橄榄绿色，背面则呈暗铜色，在微风中闪闪发亮，煞是喜人。榴梿树可达45米高，生长在茂密的低地森林。它的枝干几乎是从笔直的主干水平地生长，细长结实，所以爱爬树的人很喜欢它。一串串花直接悬挂在主干和大枝干上，大而杂乱，几乎是纯白色的，闻起来有黄油或牛奶稍微有点馊了的味道。这些花会吸引特定的授粉者——蝙蝠。为了避免蜜蜂受到诱惑，它们下午3点左右才“开张营业”，不过，它们晚上才做“主要生意”。在晚上，蝙蝠为了收获大量香甜的花蜜，会把它的花粉带到很远的地方。

榴梿树是著名的令人爱憎分明的果实。它们一簇簇挂在粗柄上，在大约14周的时间里就能长成橄榄球大小的成熟果实。在马来语中，榴梿的意思是“多刺”。每颗榴梿果实都由黄绿色半木质的坚硬果壳保护着，果壳上长满了金字塔形尖刺，完全覆盖了整个外壳，所以如果果柄碰巧折断了，要把果实拿起来都很困难。果实成熟后果壳会开裂，露出略带纤维状的白色果髓，里面藏有4到5块奶油黄色的大果肉，每块果肉都含有一些大种子。这种水果以气味浓烈著称，会吸引野猪和猴子等大型哺乳动物，它们会把果实和种子传播到远离母树的地方。大象会耐心地等待榴梿果实掉落，它们吃果实时会把种子整颗吞下，然后在远处排出种子，粪便则成为有营养的肥料。

人也喜欢吃这种果实。因为人类活动，原产印度尼西亚和马来西亚的榴梿现在也种植在泰国、印度南部和澳大利亚西北部等地区。远东地区还盛行一种围绕食用榴梿展开的传统食物亚文化。水果摊上经常能看见买水果的人用指甲刮榴梿果壳上的果皮，把它提到耳旁晃动，判断果肉是否已经和果髓分离。榴梿的味道可以引发许多强烈情感。英国作家安东尼·伯吉斯（Anthony Burgess）把吃榴梿的体验比作“在厕所吃香甜的覆盆子牛奶冻”；美国大厨兼播音员安东尼·布尔丹（Anthony Bourdain）的话也常

被广泛引用，“吃了榴梿后，你的口气就像和死去的祖母来了个法式湿吻”。

在狭小的空间里，榴梿的气味会让人难以忍受，因此在马来西亚和新加坡常常可以看见指示牌，要求人们不要把榴梿带到酒店里或飞机上。不过，我们的口味很容易受到他人影响。有些对这种水果不熟悉的人因为它的名声产生了偏见，先入为主地认为它不好吃。19世纪伟大的博物学家阿尔弗雷德·拉塞尔·华莱士（Alfred Russel Wallace）显然就有不同的看法。他热情洋溢地夸赞道：“榴梿像浓郁的奶油蛋羹，带着浓浓的杏仁香味，这是最能形容它的总体印象。但它还混有奶油干酪、洋葱酱、棕色雪利酒等不协调的味道，它的果肉黏黏的、滑滑的，有一种其他水果都没有的口感，这让它变得更加美味……吃得越多，你就越不想停下来。其实，吃榴梿是一种全新的感官体验，值得你特地到东方去好好体验一番。”

印度尼西亚

见血封喉

Antiaris toxicaria

从中世纪到19世纪，前往东南亚的欧洲游客回家后都会表示，那里有一种毒性大得可怕的树，光是看一眼就能让人毛骨悚然。他们说，栖息在它枝头上的鸟会掉到地上一命呜呼，动物和人稍微碰一下它就可能会死亡。在大众媒体的宣传下，最终通过狄更斯和普希金等著名作家的作品，见血封喉成为一个被广泛使用的隐喻，用来指代危险的邪恶和致命的东西。

作为高大雄壮的落叶乔木，见血封喉是热带雨林中最快活的一员。它的树干笔直光滑，并且像许多雨林树木一样，树冠以下位置几乎不长枝干，毕竟，在光线太弱的地方长枝叶没什么意义。出人意料的是，虽然见血封喉以毒著称，但它的种子却是由鸟类、蝙蝠和哺乳动物吃掉并散播的。而且我们现在还知道，当地人很喜欢用捶打后的见血封喉内树皮来做衣服。这听起来可不像是世界上最危险的树。

不过见血封喉的名声的确有一定的事实根据。在现在的马来西亚和印度尼西亚，它的名字（Upas）意思是“毒药”，而且它的乳白色汁液的确含有致命的强心苷（Cardiac Glycosides）化合物。这些化学物质进入血液后就会干扰心脏，导致心跳变弱，心律不齐，最后完全停止跳动。收集这种树汁并加热成黏稠糊状物，可以涂在吹镖上使用。部落居民现在仍然用这种毒吹镖来捕猎动物当晚餐。

数百年前，毒吹镖是一种用来对抗外敌入侵（主要是荷兰人）的武器。为了不让欧洲入侵者知道毒药的来源，当地人编造出见血封喉的传说，或者说夸大其毒害性。他们声称，即使只是靠近这种树，也要采取各种特别的预防和保护措施，例如一定要站在上风向，让风把毒药成分吹走。旅行者们回国后，见血封喉令人后背发凉的荒谬故事正对听众口味。后来，这些故事在有学问和名望的人的讲述之下进一步增加了可信度，导致见血封喉真正的毒药来源秘密被隐瞒了整整400年。从传播学的角度看，大众永远倾向于相信那些危言耸听的故事。

马来西亚

古塔胶木

Palaquium gutta

19世纪下半叶，古塔胶木彻底改变了世界，它那奇怪的名字在当时的报纸上随处可见。古塔胶木原产苏门答腊、婆罗洲和马来半岛，它是另一种典型的热带雨林树种。为了争取更多光照，它长得高大笔直，树冠以下位置只有少量枝叶。它椭圆形大浆果是松鼠和蝙蝠的食物。叶子簇生在枝头上，正面光滑，绿得发亮，背面密被柔毛，呈古铜色。

古塔胶木的名字来源于马来语，指的是它灰白色的乳胶。这种树进化出乳胶来淹没入侵的小昆虫和凝固伤口。在阳光下和空气中，它的乳胶会凝结成一种粉色惰性防水材料。和其他为人熟知的乳胶不同，古塔胶木的乳胶坚硬但不脆。它不像人心果树胶那样有嚼劲，也不像橡胶那样富有弹性。不过加热到65～70°C后，它会变得柔韧，可塑性变强，冷却后可以保持形状不变。

数世纪以来，当地人一直用古塔胶来塑造工具和弯刀手柄。1843年，一位英国外科医生把这种胶的样本送到伦敦，想知道是不是能开发出其他用途。古塔胶迅速成为当时的一种新兴材料。一些人专门成立公司开发古塔胶产品，出售用它制成的摔不坏的厨具、棋子、通话管和新奇的手杖柄。19世纪上半叶，最好的高尔夫球是用皮革和羽毛缝制成的。古塔胶制作的高尔夫球，或称“古塔球”，可谓是高尔夫球的重大改进，它们个头结实，塑形简便，价格也低廉。正因如此，高尔夫球运动像古塔球一样一飞冲天，风靡一时。古塔球盛行了50年，直到一种用橡胶线制作的更精致的球取代了它。

后来，人们发现了古塔乳胶一种比制作高尔夫球更重要的用途：电报传输线路。当时电报刚刚被发明出来，但是由于电缆不能碰水，国际通信受到海洋的阻碍。这时就轮到古塔乳胶登场了，它不仅防水，还是优良的电绝缘体。在伦敦工作的德国人维尔纳·冯·西门子（Werner von Siemens，他的家族企业后来成为今天的西门子公司）发明了在铜线上无缝涂古塔胶的方法。企业家和资本家迅速发现了这个商机，于是一场海底电报竞赛就此拉开序幕。经过在公海上勇敢的反复试验，生产和铺设可靠电缆终于成为现实。1876年，海底电缆连接了大英帝国的伦敦和新西兰。到19世纪末期，整个地球铺满40多万千米电报电缆，支持着欣欣向荣的贸易、外交和新闻业发展。

然而这对古塔胶木来说并不是一个好消息。在树上割取乳胶很费力，而且乳胶渗出速度很慢，所以人们干脆就把整棵树砍掉来快速提取乳胶，而每棵树也只能出产几千克乳胶。为了满足对绝缘电缆的无尽需求，数以百万计的古塔胶木因此被砍伐。最后，人们将混交林全部砍光，建立起种植园。但随着这种具有重要战略意义的、只能缓慢再生的资源一步步枯竭，业界感到非常担忧。新法规要求人们不能从整个树干上提取乳胶，只能收割叶子，碾碎后浸泡在热水获得乳胶，这让古塔胶木继续成为国际通信依赖的绝缘体。1933年，人工合成聚乙烯出现后，古塔胶才逐渐被取代。如今，大片古塔胶木种植园消失了，种植地被用于其他农业用途。古塔胶现在最常规也最普遍的用途是在牙医诊所里，因为牙医们尚未找到比它更适合做根管填充物的材料。这个用途对于这种曾经一度横跨地球的树木来说，未免太平平无奇了。

古塔胶木仍被用于牙齿治疗。人心果乳胶（参见第189页）是另一种口腔产品，但令人更愉悦。

澳大利亚

嘉拉树（红柳桉）

Eucalyptus marginata

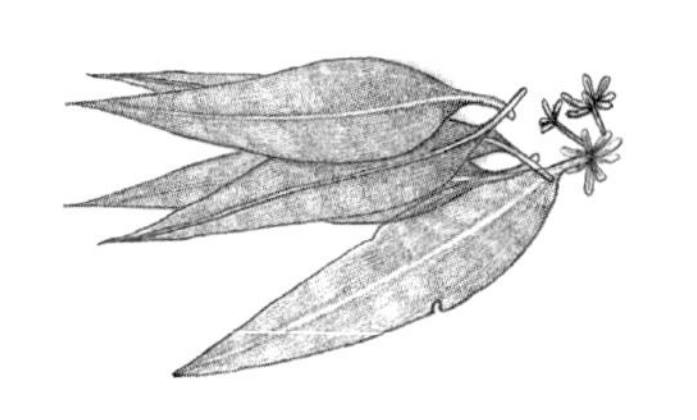

嘉拉（Jarrah）这个名字听起来很有澳大利亚特色，这个词来自澳洲大陆西南边的努嘎语（Nyungar）。殖民时代前，现在被称为达令高原的这片土地有数百万英亩的嘉拉树林。嘉拉是一种雄壮的树，能轻易地长到40米高，主干可达2米粗，长着粗糙的深棕色树皮。它的白色放射状小花缤纷芬芳，十来朵一簇簇地点缀在枝头上。这些花吸引蜜蜂用花蜜酿出一种独特的麦芽焦糖味蜂蜜。嘉拉树在重要而复杂的森林生态系统中扮演着关键角色，许多可爱的有袋哺乳动物都依赖它生存，如袋食蚁兽、长鼻袋鼠、袋鼬、短鼻袋狸等。

嘉拉树寿命很长，至少能活500年，如果有机会的话，甚至能活上1000多年。英国殖民者很快就察觉到大量红嘉拉木材的价值，这种木材非常坚固，不易腐烂和虫蛀，而且抗风、防水。它很快就被用于建造船只和港口木桩。1850年开始，大批囚犯来到澳洲大陆，大量廉价劳动力的涌入意味着可以把嘉拉树出口到整个大英帝国，满足对铁路枕木、电线杆、码头甚至茶室等耐用基础设施无穷无尽的需求。为了开采和运输木材，蒸汽机驱动的锯木厂和铁路网络如雨后春笋般纷纷出现。

而在世界另一端，伦敦人正思考着该用什么来铺路。因为到19世纪80年代，伦敦的道路已经挤满了马车，交通十分繁忙。主要道路的大部分路段都铺上了石块和鹅卵石，但这些材料很昂贵，并且马匹容易在城市频繁的降雨中滑倒。当时，柏油碎石还需要几十年的发展才足够完善，所以木材就派上了用场。来自波罗的海的针叶树木材比石头更有优势，因为它们铺的路更安静，更容易打扫，也更有利于马蹄踩踏。但这些木材很快就会腐烂，还会渗透马尿和马粪，然后在车轮的重压下溅行人一身。

所以，1886年，嘉拉树作为耐用铺路材料在伦敦举办的印度及殖民地展览会上展出后，不出所料地立刻引起了人们的关注。事实证明，它非常耐磨，在繁忙的道路上每年只损耗3毫米，用上几十年也不会出现破漏，受到行人和动物的欢迎。到1897年，虽然距离远、运输成本高，但是伦敦还是在最繁华的高级大道上铺上了约30千米的澳大利亚嘉拉木材，这些木材块数以百万计，大部分铺在混凝土上。而在澳大利亚，巨大的需求催生了嘉拉木材公司的涌现，它们相互竞争，没有受到监管。为了得到订单，竞争对手不断下调价格，到1900年，澳大利亚嘉拉木材在英国的价格甚至低于从附近的瑞士进口的质量差得多的木材。嘉拉木材是一个利润丰厚但不可持续的产业，森林永远承受不住如此贪得无厌的砍伐。虽然森林规模迅速减小，但直到第一次世界大战结束后，更合理地管理留存树木的法律才出台。虽然不久之后沥青便取代了木质铺路块，但建筑工程对嘉拉木材的需求从未消失。

除了在一些大型保护区内，现在大部分嘉拉森林都消失了，人们砍伐它们要么为了使用木材，要么为了给农业或采矿业让路，留下全球变暖以及随之而来的一系列复杂变化带来的危害。与真菌相似的樟疫霉菌（*Phytophthora Cinnamomi*）带来了致命性顶梢枯死病，夏季的干旱天气和热浪越来越频繁。嘉拉树最初的滥伐和脆弱生态系统的衰竭伴随着努嘎文化的消亡，现在，剩余的嘉拉树因为气候变化再次陷入危险之中。这场气候变化与每个人都息息相关，甚至威胁到文化的存亡。

澳大利亚

瓦勒迈杉

Wollemia nobilis

瓦勒迈杉是历史上令人震惊的植物发现，在此之前，人们以为这个物种已经灭绝数百万年了。瓦勒迈杉化石很早就被发现了，从它所处的岩层可以看出，它和6500万年前的恐龙生活在同一个时代。它显然是一种针叶树，但和现存的任何物种都不一样。后来，1994年，在新南威尔士州（在悉尼西北方向150千米处）蓝山边缘的瓦勒迈国家公园（Wollemi National Park）一个偏僻幽深的砂岩峡谷中，一位公园管理人员在探索迷宫般的热带雨林峡谷时发现了这个神秘物种，它不仅活着，而且活得很好。将它和化石进行对比后，匹配结果令人信服，甚至连花粉也一模一样。于是，这种与众不同的树以这座公园的名字命名为“瓦勒迈杉”。据说“瓦勒迈”是土著居民对这个地区的称呼，意思是“看看你周围”。

最高的瓦勒迈杉很雄壮，它40米高，1.2米宽，大概有1000年的树龄。它是一种和猴谜树有亲缘关系的针叶树。老树的主干上有许多年龄不同的茎，树皮上密密麻麻地覆盖着柔软的海绵状瘤状物，看起来像巧克力爆米花。幼叶呈灰白色，略显杂乱，乍一看，像某种攀缘植物的藤蔓交织在它的表面。老叶则像蕨类，沿着枝干紧密地排列，顶端比幼叶更尖，颜色更暗。即使年岁增长，它的枝干也很少再分枝，从上往下看，它就像一团向四周放射的斑驳绿光。在寒冷月份里，它处于休眠状态，在春天到来之前，每一个正在生长的花蕾都被一层白色蜡状保护层保护着。它的球果只长在树枝顶端，雌性球果长在上半部分，看起来像毛茸茸的装饰绒球，下垂的雄性球果则长在下半部分。瓦勒迈杉一直都没有进化出脱落枯叶的能力，一旦叶子变得累赘，它就会脱落整根枝干。

这种古树的发现成为轰动全球的大新闻。为了打消植物大盗的念头，也为了确保这一物种的生存，澳大利亚政府监管了苗圃瓦勒迈杉的繁殖过程。迄今，全世界各地的园丁和园艺收藏者已经种植了数十万株瓦勒迈杉幼苗。植物园掀起了把它们种在户外笼子里的热潮，这样做既是为了吸引注意力，也是为了凸显它们的稀有性。目前，野外已知的瓦勒迈杉样本不足100株。

这么少的样本全部集中生长在一个极小的地区，导致野生瓦勒迈杉特别脆弱。更糟糕的是，基因分析显示，这些野生树种没有明显的基因差异。尚不确定这些树是否都是同一个个体通过根蘖地下延展无性繁殖而来的。也许它恰好是一个基因差异极小的物种；也许在某个阶段，存活下来的个体变得更少，仅剩的树木在有限的基因多样性基础上成功地繁殖了。无论是哪种情况，过高的基因相似性意味着它们非常容易受到尚未进化出抗体的植物病原体的攻击，因为任何能够感染和伤害某一个体的病原体都有可能把它们全部消灭。

为了避免感染，公众禁止进入野生瓦勒迈杉生长地。但是一些入侵者把这项禁令视为一种挑战，他们未经清洗的靴子可能给这块地区带来疫霉菌（*Phytophthora*，在希腊语中意思是“植物杀手”）。这种类似真菌的水霉菌会攻击树木的根茎。瓦勒迈杉这种活化石树从17个间冰期和无数丛林火灾中幸存了下来，但它们却可能因为人类引起的本可以避免的感染在野外消失。

瓦勒迈杉的现存近亲之一是另一个古生树种——猴谜树（参见第170页）。

澳大利亚

蓝杜英（圆果杜英）

Elaeocarpus angustifolius

蓝杜英的英文俗名“Quandong”来源于澳大利亚维拉度里（Wiradjuri）土著语言“Guwandhang”。它是高大的常绿乔木，主干有板状根支撑，生长迅速。生长地区从东南亚一直延伸到澳大利亚昆士兰南部和新南威尔士州北部，喜生在热带雨林里和河岸边。它茂密的绿叶呈椭圆形，叶缘有细锯齿，主要生长在树冠末端。随着时间推移，它们会变成红色。每隔一段时间，整株树都会长满火红的叶子。一簇簇弥漫着香味的钟形花垂挂着，花瓣缀着流苏边，好像穿着一件白色小草裙。

它的果实很不寻常。果实呈圆球形，大玻璃球般大小，呈鲜艳的钴蓝色。蓝色果实本身就十分稀少，而且和其他含花青素的蓝色果实不同的是，这种蓝色的杜英果并不含任何色素。它之所以呈蓝色是因为表面结构能反射蓝光，和孔雀羽毛以及彩色蝴蝶翅膀上的鳞片反射光线的原理一样。但这种现象在植物界较为罕见。这种奇妙的结构叫作“虹彩体”（Iridosome），是一种精确地排列在果皮外细胞壁下方的网状结构，它会引起前、后表面反射的光波相互干涉，从而产生颜色。这种明亮而且不变的蓝色取决于精确到1%毫米的稳定结构，这种所谓的结构颜色赋予种子一大优势，随着它们进一步成熟，明亮的蓝颜色会保持不变，在森林的地面上非常引人注目。和大多数果实不同，蓝杜英果还能让光透过果皮照射到下面一层结构，这层结构能够进行光合作用，促进果实生长。

这种果实是食火鸡、巨果鸠、眼镜狐蝠等森林栖居者的重要食物，它们能区别蓝色和森林中的其他颜色。吃下果肉后，它们把皱巴巴的石头状果核排出，不破坏里面的种子。这些“石头”看起来像经过精心雕琢一样，佛教徒和印度教徒用它们来做念珠或项链。

太早摘下的蓝杜英果酸涩得令人难以下咽，但稍微熟过头的却很好吃。问题在于，把蓝色的食物放进嘴里总让人感觉怪怪的。

法属新喀里多尼亚

蓝汁树

Pycnandra acuminata

在位于澳大利亚和斐济之间的法属新喀里多尼亚地区，并不全是摇曳的棕榈树和珊瑚礁。由于一个地质上的巧合，长350千米、宽65千米的主岛格朗德特尔岛（Grand Terre）上，蕴藏着世界上已知镍矿的$\frac{1}{5}$。此处的露天开采供应了全球对镍金属$\frac{1}{10}$的需求，其中大部分都用来制造不锈钢。

生长在重金属污染如此严重的贫瘠土壤上，蓝汁树进化出充分适应生长环境的能力。它能长到15米高，开白色小花。这些都很正常，但如果在树上割一道口子，它的内树皮就会流出鲜艳的蓝绿色乳胶。折下一根小枝，闪闪发亮的绿色汁液也会渗出。蓝汁树法语俗称“Sève Bleue”，意思是“蓝色的汁液”。这种树分泌的黏稠乳胶11%的重量来自镍（超过树木干重的$\frac{1}{4}$），含镍浓度远远超过任何其他生命体。一棵成熟的蓝汁树可能含有35千克镍金属。

蓝汁树让镍和柠檬酸相互作用形成复杂的化合物，降低镍的毒性。这种化合物流入乳胶里，不影响重要的细胞活动。而附近生长的其他植物一开始就不从土壤中吸收镍，从而避免了这个烦琐的过程。蓝汁树把镍当作一种便利的毒药，用来驱除啃食树木的昆虫。虽然世界上还有许多其他植物也能吸收重金属，但蓝汁树是重金属超富集植物最极端的例子。有关人员正在研究一种“植物修复”项目，旨在利用植物的这种能力将重金属从土壤中清除掉。

地中海柏木（参见第71页）和另一种重要金属有紧密的联系。

新西兰

贝壳杉

Agathis australis

贝壳杉在澳大利亚的名气和历史文化地位与海岸红杉（参见第207页）在加利福尼亚差不多。它生长在新西兰北部，十分高大，可以长到45米高，可以活500到800年。它的侧根分枝后向下形成强韧的“支柱根”，可达5米长，为树木提供抵抗强风的稳固结构。贝壳杉非常引人注目，因为它光滑的灰色主干呈均匀的圆柱形，没有明显的越往上长越细的迹象。它主干直径可达5米，从一定高度才开始长枝干。每当寄生植物试图依附在它的主干上时，贝壳杉就会狡猾地脱落一块块树皮把它们甩开。不过，它的树冠支撑着包括兰花、蕨类植物甚至其他树木在内的整个生态系统。

贝壳杉还有另一种完善的防御机制：树脂。它的树脂不仅具有强大的抗细菌和真菌性，还能制造物理屏障隔离伤口，淹没和困住钻来钻去的小昆虫。贝壳杉能分泌大量树脂，这些树脂从各个部位渗出，积聚在枝杈上。大约在3万到5万年前，随着一波又一波贝壳杉的繁衍和死亡，大量树脂落到地上变成化石，堆积在10米深的地层中。

毛利人（Maori）可能是在13世纪左右从波利尼西亚来到新西兰的。他们用贝壳杉的树脂点火，把它作为口腔清洁剂，或作为公共场合中一种起到社交润滑作用的口香糖。他们还会把它烧成黑色粉末，和脂肪混合后形成用于文身的蓝黑色颜料。文身时，他们先用动物骨头制成的凿子划出伤口，再涂上这种颜料，整个过程非常痛苦。

19世纪40年代，新西兰白种人，即来自欧洲的移民浩浩荡荡地来到这里。他们用贝壳杉木材建造桥梁和船只。但是除了把树脂拿来点火和制成新奇的雕刻品，他们没能找到其他用途利用周围的树脂获取更大利益。于是他们把样本送到了美国和英国。后来，有一位制造商终于发现，贝壳杉的树脂可以溶解在各种油中，形成一种硬度非常高的户外清漆，可涂在船只甲板和火车车厢上。这种树脂突然摇身变成一种价值极高的商品。

很快，附近地区地面上的树脂都被收集起来卖掉了，但地下和沼泽里埋着更多。于是成千上万的树脂勘探者蜂拥而至，浩大的声势让人想起加

利福尼亚淘金热潮。这些“挖胶人”（其实不应该这么叫，因为和树脂不同，树胶是溶于水的）不需要昂贵的采矿设备，他们把一根又细又尖的钢条锤到地下探测沉淀物，从钢条振动的音色可以听出地下是否含有树脂。这些树脂大小不等，有的是一小块，有的则是需要3个人才能抬得动的大块头。整整50年里，贝壳杉树脂一直是新西兰最重要的出口产品，出口量比羊毛、黄金、木材还要大。在最鼎盛的时期（19世纪90年代末至第一次世界大战之间），10 000多名勘探者共出口了15万吨树脂，总价值接近现在的10亿英镑。政府颁发许可证的条件是，挖完后必须清理好土地，处理好排水。这些费用及树脂出口税被用于新西兰的学校、道路和医院等基础设施建设。

随着树脂化石逐渐被挖尽，人们开始用一种难以置信的方法来利用贝壳杉。他们拿着斧头，穿着钉鞋爬上树，砍开树皮，然后每6个月收集一次伤口上的树脂，并砍下新的口子。但贪婪导致对树木过度伤害，大大缩短了它们的寿命。

1910年，人们把亚麻籽油、软木颗粒和劣质树脂屑加到纺织物中，制成一种坚固、易清洁、耐用的材料——油毡，贝壳杉树脂行业开始受到冲击。第二次世界大战后，清漆和油毡制造商找到了其他人工合成替代品，整个树脂行业才彻底瓦解。如今，放眼新西兰北部的农田和果园，你很难相信，就在120年前，让这个国家保持繁荣的支柱产业是树脂。更难相信的是，在毛利人和欧洲白种人来到这里之前，贝壳杉林的覆盖面积有整整15 500平方千米。

贝壳杉树脂掀起了开采热潮，橡胶树（参见第136页）也是。

汤加

纸桑树（构树）

Broussonetia papyrifera

纸桑树随着移居到波利尼西亚的移民一路从中国南方来到汤加。经历了1年多的疯长后，它在3到4米高时就会被砍掉。如果不是这么早就被砍伐，在太平洋群岛火山土壤的滋养下，它能欢快地长到20米高。这种树的价值在于它的内树皮纤维，这种纤维能为在植物体内运输糖分和其他化学物质的导管提供结构性支撑。它是由果胶和树胶连接一长串细胞形成的结构，非常结实。波利尼西亚人赋予它一种特殊的用途：做树皮布，即塔帕布（Tapa）。在汤加，这种树就是专门种来做树皮布的。在日本，人们用它的内树皮来做和纸（Washi），可以应用于许多传统工艺品制作。大约在公元100年，中国人把它应用于最早的造纸术。

如何制作树皮布呢？首先，小心地剥下几米长、手掌宽的树皮条，清洗干净，刮去上面的杂质。然后把树皮条捶扁到原来的3倍宽，再把它们叠在一起，用捶打的方法让它们黏合。如果粘得不够紧，可以加一点木薯淀粉。在汤加的村落里，木槌有节奏的咚咚敲打声常常飘荡在人们耳边。最后，把形成的米黄色小块拼在一起，然后在上面印标记、染色、绘画，或者用模具印上黑色和深棕色的传统几何图案。树皮布的设计非常精致，通常绘有风格独特的鱼或植物图案，可以做成精美的壁挂，公共建筑上的壁挂可达3米高、15到30米长。

在汤加，这种成品称为“Ngatu”，它们是婚礼和葬礼等场合的贵重礼物，可用作壁挂或帘子。树皮布最初也用来做服装，现在有时也用来制作传统婚礼服饰，通常会涂上油或树脂等防水涂料。

树皮布制作为当地人提供了重要的手工艺收入，但那些精彩的作品最大的价值也许在于它们是一种集体劳动成果。重新探索手工艺传统的波利尼西亚人表示，把捣扁的树皮条粘在一起的过程让制作树皮布的人团结了起来，这也解释了为什么现在夏威夷人、移居海外的汤加人和新西兰斐济人再一次掀起制作树皮布的热潮。

美国

寇阿树（寇阿相思树）

Acacia koa

夏威夷群岛是位于太平洋的火山群岛，距离最近的大陆有3200千米。这里自然生长的寇阿树由150多万年前从澳大利亚来的祖先进化而来。它是一种生长迅速的树，头5年就能长到10米高。成熟的树种有的呈杂乱的灌木状，有的则长成瘤节盘错、旁逸斜出的乔木巨人，枝干的分布充满哥特式风格。这个物种是生态系统慷慨的捐赠者。它给鸟儿和虫儿提供食物和住所。老树粗糙的鳞片状树皮常常覆盖着诱人的红色地衣。特殊的根瘤中有固氮细菌，使它能够在贫瘠土壤上生长。枯枝落叶也可以为树木提供养分。它的叶子本身就很不一般：幼树长着美丽的银绿色复叶，成树则会长出月牙形的“叶状柄”，即由叶柄变成的手掌一般大小的扁叶。灵活地改变叶型能够帮助树木适应从阴凉处到阳光充足处的不同环境。

不可思议的是，在距离夏威夷1.6万多千米的印度洋留尼汪岛上，有一种叫异叶金合欢树（*Acacia heterophylla*）的植物和夏威夷寇阿树非常相似。基因分析表明，这可能是世界上已知单颗种子传播得最远的结果。寇阿树开出茸茸的淡黄色小花后会长出手掌长的荚果，棕色豆状种子就藏在荚果里。种子会被海水泡坏，所以最大的可能是140万年前，一颗种子被鸟吃到肚子里，或粘在了它的脚上，然后从夏威夷带到了留尼汪岛。

在人类到来之前，除了奇奇怪怪的蝙蝠，夏威夷没有其他陆地哺乳动物。寇阿树（或者岛上的其他植物）没什么生存威胁，不用进化出刺、毒汁或酸性化学物质，所以它现在在无数牧牛面前束手无策。这些牛不仅把它的幼苗当作最主要的食物，而且还无情地踩踏它的浅根。寇阿树现在受到保护，虽然数量有所增加，但它们仍然是世界上非常昂贵的木材之一。人们常用这种木材制作高级家具和尤克里里琴。经过抛光后，它就变得闪闪发亮，带着富有光泽的红色和金棕色纹路，就像半宝石虎眼石一样，它有一种猫眼效果，给人一种闪烁而深邃的立体错觉。

寇阿树在夏威夷文化中地位很高，这源于它与一种名为“wa‘a peleleu”的长舟的联系。这种大型远洋船长30米、深2到3米，有巨大的漂浮舷外支架，防止船身在波涛汹涌的海洋中翻覆。它们曾经是岛屿之间最重要的交通和运输工具，每艘船都是用一根巨大的寇阿树干打造的。它们非常坚固耐用，可以多次远航，虽然制作过程非常劳心费力，但物有所值。这种船只有些型号还有双层船壳和多片船帆。

定制一条长舟非常昂贵，只有部落首领能承担得起。代代相传的木匠垄断了远洋造船业，他们可以通过协商获得丰厚的薪水和食物。造船工作开始前，雇主们就得种芋头、面包果、椰子和红薯等作物，还要准备礼物，否则工人们可能会撂下工具不干。造船也是一种精神活动，整个过程的每一部分都涉及宗教仪式，必须在一位特殊的祭司——被称为“Kahuna Kalaiwa‘a”的造船专家的监督下进行。他会帮忙在森林里挑选一棵合适的树，当人们砍倒树并用石锛加工时，他会站在一旁留意不祥的兆头。制作过程实行一种叫“Kapu”的宗教禁令（Kapu演变为汤加语“Tapu”，英文表示禁忌的单词“Taboo”就由此而来）。造船期间禁止外来人员进入工作场地，并规定了工人们的食物和就餐时间。成品独木舟表面会涂上一层漆状植物提取物和油状混合物作为装饰。制作完成后，祭司和首领会登上船，举办供应猪、鱼、椰子等食物的圣宴。其实，在近现代西方的船只下水仪式上，会有一位重要人士在船首摔一瓶香槟酒，一边大声喊道：“上帝保佑这艘船和船上所有人！”这两种仪式倒也没什么差别嘛！

桤木（参见第59页）的根瘤也有固氮细菌。

智利

猴谜树（智利南洋杉）

Araucaria araucana

猴谜树长着像铠甲一样的锐叶，看起来武装得太过凶猛，不过这是因为它是一种很古老的树，曾经需要防御食草恐龙。虽然它现在是智利的国树，但在白垩纪，它的近亲品种曾经生长在现在的欧洲低地国家。后来，气候变化和与新进化物种之间的竞争让它们销声匿迹。

猴谜树是高大的常绿针叶树，原产智利和阿根廷安第斯山脉的山麓地带，因为耐盐性强，偶尔也会沿海岸生长。这片生长地属于火山地带，也是多发闪电地带。为了适应环境，猴谜树长出厚厚的树皮，这使它们在火灾来袭时比那些“后起之秀”更具优势。

猴谜树能存活1300多年，具有爬行动物般的形态。成群的枝干集中生长在主干上的单个点上，就像用于清洁的烟斗通条一样卷曲蓬松。富有光泽的叶子呈深绿色，生长在枝梢的颜色较浅。其叶呈针状，呈螺旋状排列生长，茂密地覆盖住每一根枝干。幼树呈金字塔形，成熟时较低处的枝干会脱落，作为一种山地植物物种，它的成熟树种主干异常高大笔直。树皮有时会形成奇怪的镶嵌图案，树冠则呈独特的伞状。它的种子生长在锈红色的球果中。这些种子是如何传播的？这个谜直到最近才揭开谜底。科学家们把小磁铁植入数百颗种子内，追踪它们的去向。他们发现，下午3到9点之间，啮齿动物会收集大部分种子，储藏在洞穴里。其余的则由鸟类和牛散播。

当地把这种南洋杉属植物称为普恩（Pehuén）。数世纪以来，它富含蛋白质的种子（当地称“Piñones”）一直是该地区重要的饮食和文化组成部分，马普切土著部落之一的普恩切（Pehuenche）甚至以其名字命名。它的种子烘烤后可食用，磨碎并用一种耐低温酵母发酵后可以制成一种叫“慕黛”（Muday）的啤酒。猴谜树对马普切人来说不仅有经济意义，还有宗教意义，在当地丰收和生育仪式上扮演着核心角色。

1780年，欧洲人首次发现了这个物种，是由一位西班牙探险家发现的。1795年，随乔治·温哥华（George Vancouver）船长环球航行的植

物收藏家兼外科医生阿奇博尔德·孟席斯（Archibald Menzies）把它引进英国。故事是这样的：孟席斯和智利总督共进晚餐，有人给他端来一碗猴谜树种子，他悄悄地把其中一些装进口袋，准备带回去播种。不过，考虑到种子会被烘烤过食用，无法成功播种，也许实际上是孟席斯在回船的路上随手捡到一个掉落的球果。无论如何，种子在船上发了芽，他带着几棵健康植株回到了英国。其中一株活了将近100年，成为邱园一道著名的风景。

猴谜树这个广为流传的名字起源于1850年左右的英国，当时这个物种还很罕见。据说康沃尔郡一处花园的主人一掷千金，花了整整20基尼买了一株树种。一位律师在参观时打趣地说："要猴子爬这种树，是给它们出了个难题。"这真是一个利于营销的好名字。维多利亚时代晚期掀起一阵在大型庄园内种植猴谜树大道的热潮，收藏家大量供应种子来满足源源不断的需求。猴谜树种子价格大幅下降，使它们成为郊区常见的人工栽培品种。不过，现在有些人认为它们非常俗气，至少在英国是这样。

虽然猴谜树已经被列为智利国家级保护物种，但是在野生环境中，人们为了农业破坏了其栖息地，猴谜树正濒临灭绝。现在真正的难解之谜是如何保护这种比恐龙活得更久、但必须与人类争夺空间的树。

阿根廷

蓝花楹

Jacaranda mimosifolia

蓝花楹无疑是阿根廷北部特别美丽的出口树种。这种婀娜妙曼的树点缀着亚热带和温带城市街道，纤细的枝干形成精致的圆形树冠。晚春时节，蓝花楹就开始展示它的花姿。此时树叶尚未长出，不会影响这场盛大的花开序幕。整整两个月内，整棵树都被一簇簇芬芳的淡紫色喇叭状花覆盖，引得蜜蜂飞舞其间。似锦繁花令人目眩，吸引行人驻足观赏，令人心情愉悦。当嫩叶开始出现时，随风摇曳的复叶投下柔和的树荫，鲜亮的蕨绿色叶衬托出花朵的明艳。在悉尼、比勒陀利亚和里斯本，在巴基斯坦和加勒比地区，蓝花楹自由地生长，为林荫大道戴上一串串紫色项链，也为狭窄的郊区街道装饰着一顶顶紫水晶般的华盖。花瓣飘落时，地上像铺上了一层紫色地毯，除了有洁癖的人和一些抱怨车身被染上污渍的小气司机外，所有人都觉得赏心悦目。

那些需要更多理由才能被取悦的人应该把蓝花楹这种行道树视为一项伟大的投资。大量研究表明，它们在改善空气质量、降低城市温度、防洪、有利心理健康和加强社区凝聚力方面做出了巨大贡献，它们的种种益处远远超过了成本。混合种植不同物种需要慎重考虑，因为每个社区都有自己的特点和生态系统。但如果你生活的环境足够温暖，那么在街道上种一些蓝花楹，可能是一种有效且令大众受益的土地升值方法。

染井吉野樱（参见第134页）也是因为美丽被种到各大城市里。

秘鲁

奎宁树（金鸡纳树）

Cinchona spp.

作为秘鲁和厄瓜多尔的国树，金鸡纳树改变了世界历史的进程。金鸡纳属植物有20多种。它们可以长到25米高，叶子大而富有光泽，有明显的叶脉。从白色到淡紫色的花朵（有的被柔毛）芳香扑鼻，成小簇绽放，通常由蝴蝶和蜂鸟授粉。但真正让它名声大振的是它的树皮对治疗疟疾很有效果。

17世纪早期，当秘鲁的西班牙殖民者和耶稣会传教士首次注意到金鸡纳树皮时，南美洲还没有疟疾。一些历史学家认为，金鸡纳树曾是南美印第安土著盖丘亚族（Quechua）使用的一种药物，用于治疗和疟疾无关的发烧症状。正是这点启发欧洲人幸运地发现了它的用途。当时欧洲疟疾肆虐，他们发现金鸡纳树皮既能治愈，也能预防这种疾病。它的名声和用途很快就遍传西班牙（颇具讽刺意味的是，很可能正是西班牙人通过非洲奴隶贸易，把疟疾传播到这片没有疟疾但有其治疗药物的大陆上）。他们围绕金鸡纳树发展出一大产业，并和盖丘亚族建立了组织松散但控制严格的"合作关系"，开始大规模砍伐金鸡纳树，用舰队将树皮运回欧洲。

新教徒对这种与西班牙和天主教有关的"耶稣会树皮"持怀疑态度。英格兰护国公奥利弗·克伦威尔（Oliver Cromwell）宁可死于疟疾并发症，也不愿服用这种"魔鬼药粉"。但在1679年，金鸡纳树皮治愈了法国国王路易十四的儿子，因此它很快就被广泛接受，成为预防和治疗疟疾的不二药物。这种情况持续了250多年，直到它被人工合成替代药物取代。

我们现在知道，金鸡纳树皮含有一种生物碱类混合物，可能是树木为了防御昆虫进化而来的。这种混合物对盖丘亚族人来说是极其珍贵的药物，"奎宁树"这个名字就是从盖丘亚语中的"Quina-quina"一词来的，意思是"树皮中的树皮"。奎宁生物碱有罕见的效果，能使血液中的某些成分毒死疟原虫。

20世纪前，疟疾一直是欧洲的一大问题。但在热带地区，疟疾是制约欧洲殖民野心的重大因素，因为在所有冒险前往非洲和亚洲部分地区的欧洲人中，有一半以上死于致命的疟疾病毒。在北美，英国殖民地弗吉尼亚死于这种“沼泽热”疾病的人比被美洲土著杀死的还要多。任何能够遏制这种疾病的措施都具有高度战略意义，而且能卖一个好价钱。为了维护他们在这一产业的垄断地位，南美国家对任何私自出口金鸡纳树苗或种子的人一律处以死刑。不过，他们的森林无法满足对奎宁的巨大需求。19世纪，荷兰人和英国人设法将奎宁树偷运出南美洲，建立了自己的种植园。

到20世纪30年代，荷兰东印度群岛成为世界大多数奎宁的供应地。即便在第二次世界大战期间，这个地区也一直是这一战略力量的主要来源。因此，当爪哇及其奎宁资源被日本占领后，美国不得不从秘鲁进口数百吨金鸡纳。但即便如此也远远不够，驻非洲和南太平洋的成千上万名美军因为缺乏奎宁寸步难行。

要不是因为金鸡纳树，欧洲殖民地就不会扩张到热带地区。英国在印度的统治依赖于奎宁，即从金鸡纳树皮提取的白色粉末。人们每天都喝“奎宁水”，为了掩盖苦味，他们在水中添加杜松子酒、柠檬和糖，使它变得更美味，这就是今天的金汤力酒的前身。现代奎宁水含糖量更高，奎宁量更少，但这些奎宁足以让水在夜总会紫色灯光的照射下闪耀淡蓝色的荧光。

奎宁是欧洲殖民国家战略规划的重要资源，面包树（参见第194页）也是。

PILULE
QUINIÆ
CINCHONA

厄瓜多尔

巴尔杉木（轻木）

Ochroma pyramidale

巴尔杉木原产美洲热带，大部分来自厄瓜多尔的森林和种植园，它是一种速生但寿命短的树种。属名“Ochroma”意思是“苍白的”，其轻如羽毛的浅米色木材为模型制造商所熟知。令人惊讶的是，它对海洋和天空的开拓者而言也至关重要。

巴尔杉木的花蕾通常完全直立生长，天鹅绒般的质感，大小和形状像冰激凌蛋筒。花朵在夜晚绽放，绽开5个又大又厚的乳白色花瓣，热情地邀请传粉者品尝它的花蜜。夜晚开花通常意味着传粉者是蝙蝠，但巴尔杉木的传粉者却是卷尾猴和另外两种可爱的森林哺乳动物——蜜熊和尖吻浣熊。

在阳光下，巴尔杉树疯狂地生长着，光滑的银灰色树干呈异常规整的圆柱形。它们可以在7内年达到30米高，树围超过成年人的腰围。和许多其他速生树种一样，巴尔杉木也有一些含水分的大细胞，使木材呈海绵状。而完全干燥后，它剩下的细胞结构硬度很大，因此风干的巴尔杉木不仅非常轻，硬度也十分惊人。一段手提箱大小的木材重量不到2.5千克。

它经常被用来造木筏，西班牙语中表示“木筏”的词语就是“巴尔杉木”。1947年，挪威人种学者托尔·海尔达尔（Thor Heyerdahl）用成捆巴尔杉圆木造了一条名为“康提基号”（Kon Tiki）的木筏，打算证明南美洲与波利尼西亚早期可能有过交流。他乘着这条木筏从秘鲁出发，在太平洋上航行了8000千米，最后在塔希提岛附近登陆。这3个月的航行是对巴尔杉木筏漂流史诗般的证明（尽管我们现在认为波利尼西亚最早的移民来自东南亚）。

第二次世界大战期间，英国铝金属匮乏，但有大量木工。德哈维兰飞机制造公司改用木材生产敏捷的“蚊式”战机。“巴尔杉木轰炸机”时速超过640千米，跻身当时世界上飞行速度最快的作战机行列。它的机身是用轻薄的巴尔杉木板粘在桦木层间打造的。巴尔杉木复合材料现在仍用于制造风力涡轮机叶片和冲浪板。德哈维兰公司的工程师小时候就用巴尔杉木制作飞机模型，还有什么比用同一种神奇的木头制作真实存在的东西更顺其自然呢？

巴西坚果（巴西栗）

Bertholletia excelsa

巴西坚果生长于亚马逊和奥里诺科河流域，但大部分用于出口的坚果来自玻利维亚，而非巴西。巴西坚果树拔地而起，足有50米高。它笔直的灰色主干布满深纹，较低处通常不长枝干，顶部长着花椰菜状的树冠，极易辨认。它盛开巨大的白色花，由某些大型蜜蜂传粉，但除非这种蜜蜂碰巧落到地上，否则人们很少有机会能见到它们。

花朵凋落后，果实需要1年多的时间才能成熟，形成棒球大小的圆形木质蒴果。每颗果实重达2千克，常常以每小时100千米的速度突然坠落在地，但却毫发无损，这让果实的收获成为一项危险的工作。它的荚果很难打开。为了传播种子，这种树依赖一种名为“刺鼠”（Dasyprocta）的大型啮齿动物。刺鼠和豚鼠有亲缘关系，以锋利的牙齿闻名。它们非常执着，也非常灵活，能够咬开果实外壳，并把里面的种子取出来。这些种子像橘子瓣一样紧密排列，每个果实内有10到20颗。每颗果仁都有外壳，很难用胡桃钳夹开，但对刺鼠来说却不成问题。它们吃掉一些，把剩下的埋起来，但常常忘记埋的位置。这些种子可以保持休眠状态数年，等到树木倒下，阳光照射下来，它们才有机会发芽生长。

巴西坚果是极少数几种仍然主要靠野外采集的广泛贸易商品之一。对于采集它们的土著人来说，它们既是蛋白质和脂肪等营养物质的重要来源，也是重要的收入来源。一棵巴西坚果树每年能产出300多个荚果，其中包含100千克坚果。这种宝贵的非木材森林产品为保护树木提供了强大的动力。

这个物种有一种奇异的特征，它有一种非比寻常的天赋，能够吸收土壤中自然存在的微量放射性元素，并储存在果实里。核电厂工作人员需要定期接受体检，有时一些因吃了巴西坚果的工作人员身上的放射性元素指数会变得很高，令技术人员感到困惑不解，但这不会危害健康。

巴西

巴西红木

Paubrasilia★ echinata

虽然巴西红木是巴西的国树，并且原产大西洋沿岸森林，但事实上巴西红木并不是以巴西国名命名，而且恰恰相反，巴西的国名源自巴西红木。巴西红木十分秀丽，高约15米，它的花几十朵挂在一根花茎上，颜色是明黄色的。这些花散发着甜美的橘子香味，花蜜饱满，每朵花中央处都有一个引人注目的鲜红色“靶心”。它的果实是特别的椭圆形扁荚果，就像长满小刺的绿色饼干。树干上深褐色的树皮呈片状脱落，露出内部的心材，这正是让巴西红木声名远扬、数量骤减的原因。

文艺复兴时期，活跃于各大交际场合的花花公子把色彩艳丽的服饰看作财富的象征。红色丝绒布料尤其奢华，是国王和主教的身份象征。但红色布料并不便宜，也来之不易。苏木（*Caesalpinia sappan*）先后成为亚洲（公元前2世纪）和欧洲（中世纪）制作红染料的重要原料。当时它被称为“巴西木”(Brasilwood)，可能来源于葡萄牙单词“Brasa”，意思是“余烬、炭火”和英文中的“Braise”(焖烧）词根相同。把这种木材从远东地区运到欧洲非常麻烦，耗费巨资，而且需要花大力气把它研磨成粉，有时是让阿姆斯特丹监狱里的囚犯完成这项工作的。这种粉末可以在明矾处理过的羊毛或丝绸上染出鲜红色。

1500年，葡萄牙人来到南美洲。他们注意到当地人服饰颜色鲜艳，惊喜地发现一种和苏木一样具有染料作用的姐妹树，于是也称它为“巴西木”。这种树的栽种地点临近海岸，好像它们一直在等待着被砍伐、带到市场上似的。葡萄牙王国获得了出口垄断权，一个利润丰厚的行业由此发展起来。他们雇佣当地人砍伐这种树，然后运回欧洲，这段路程可比从远东到欧洲近得多。因为这项贸易，这个国家原来的葡萄牙语国名“圣十字架之地”(Terra de Vera Cruz）变成“巴西之地”(Terra do Brasil)。

这些商业活动促使其他国家试图盗伐、走私或拦截这种价值高昂的商品。虽然有武装护送，装满巴西红木的葡萄牙船只仍然是掠夺者最心仪的目标。法国人和葡萄牙人、土著印第安人不断争斗。1555年，一支法国探

险队试图在今天的里约热内卢建立殖民地，很大程度上是为了开发当地的巴西红木，但他们失败了。随后，荷兰西印度公司在1630年占领了大部分巴西红木种植区。在接下来20年里，他们大量砍伐树木，获得3000吨木材，并送往荷兰港口。

到19世纪70年代，人工合成红色染料几乎完全取代了巴西红木，但它的数量已经大幅减少，而且也没有机会恢复原状，因为它的木材还有另一种难以抗拒的品质：罕见地集合适的硬度、重量、共振于一身。从18世纪到现在，它一直是制作高品质小提琴和大提琴弓的上佳材料，并因此通常被称为“伯南布哥木”（Pernambuco，以巴西一个州命名）。现在，野生巴西红木不到2000株，因此已经被禁止出口，并得到精心培育。然而，因为野生巴西红木密度较高，制成的琴弓音质更佳，盗伐成为最大威胁。伯南布哥木黑市每年创收数百万美元，这令悦耳音乐里掺杂了刺耳的音符，令人惋惜。

★从1785年起，该种的属名为“Caesalpinia”。2016年，分类学家把该种的属名重命名为“Paubrasilia”（意思是“巴西木”）。

墨西哥

牛油果（鳄梨）

Persea americana

牛油果是一种营养价值和知名度都很高的水果，但它们仍有许多不为人知的方面。牛油果树是生长在湿热低地森林的热带常绿乔木，生长迅速，通常可达20米高。树冠浓密，形状不规则，树叶茂盛富有光泽，叶面呈深绿色，叶背颜色略浅。树叶碾碎后会散发出诱人的八角香气，但它们有很好的保护机制：它们毒性很强，特别是对家畜而言。

在密叶丛中，秀气的牛油果花簇生在枝条的末端。每朵花的雌蕊和雄蕊成熟时间不同。为了避免自花授粉，牛油果花采取了一种非常怪异的行为。它们会开两次，第一次盛开时雌蕊准备好授粉，然后闭合。几个小时后，当雄蕊准备好脱落花粉时，花再次盛开。奇妙的是，同地区的所有牛油果树都会完美地同步盛开和闭合花朵。完成授粉的条件是该地区有两种雄蕊和雌蕊成熟时间完全互补的牛油果树，做好准备迎接来回授粉的昆虫。这就是单棵树很难结果实，而商业果园必须种植两种牛油果树的原因。

牛油果通常呈梨形，有一颗又大又圆的种子，周围是坚实的淡黄绿色果肉，颜色由内向外变深。整个果实包裹在深绿色或紫红色的革质果皮下。野生牛油果几乎是黑色，而且很小，但一些人工栽培品种的果实可重达2千克。牛油果实从树上落下后，有时需要把种子传播到其他地方，以避免和母树竞争。牛油果种子有毒，因此不能指望啮齿动物等囤积并把它们埋在土里，该地区也没有大型动物可以吞食含种子的整颗牛油果。其种子传播方式最有可能的解释是，史前时期体型巨大的大地懒（早已灭绝）会食用牛油果。大地懒的牙齿小而钝，因此它们可能把整个果实吞下，然后把种子随着粪便排出体外。现在，牛油果依赖人类来传播种子，而我们在这方面比大地懒还要热情。然而，牛油果树种植正致使南美洲和中美洲森林面积逐渐减少。

牛油果于19世纪后期引入美国佛罗里达州和加利福尼亚州。这种水果在美国以其鳄鱼般的果皮命名，称为“鳄梨”。但20世纪20年代，种植者为了避免这个名字让人产生死亡等不好的联想，把它重新命名为“牛油

果”。不过他们仍然觉得很难把这种墨西哥食物卖给狭隘偏见的白人消费者，它需要一个卖点。

在古老的玛雅文化中，牛油果和生育有关。最初，纳瓦特人把这种树称为“Āhuacatl”，意思是“睾丸树”，也许是因为树上的果实有时会成对悬挂。1672年，英国园艺作家威廉·休斯（William Hughes）兴奋地表示，“它能够增强体质……令人性欲大增”。西班牙僧侣们也得出了同样的结论，并禁止把它带入修道院。这些言论让牛油果产业听起来前景大好。在那个营销天才的时代（虽然颇具都市传奇意味），种植者故意大肆否认了牛油果催发性欲的“可耻谣言”，引发了人们对这种水果更浓厚的兴趣。事实上，鉴于饥饿是性欲的敌人，营养价值高的食物常被认为是催情药。

牛油果含有大量不饱和脂肪、维生素和微量元素，不同寻常的是，它几乎不含糖。它是少数必须生吃的水果之一，因为烹饪会使其味道变得酸涩。近年来因为运气和精明的广告，美国人把牛油果和超级碗紧密地联系起来。牛油果酱玉米片现在就像感恩节火鸡一样，成为一种典型的美国食物。不过，在狩猎采集者在墨西哥定居下来并开始种植牛油果的10 000年后的今天，墨西哥仍是世界上最大的牛油果生产国。

牛油果最初的种子传播方式尚不明确，而蓝杜英（参见第157页）的果实表面有着极不寻常的性状特征，有助于种子的传播。

墨西哥

人心果树

Manilkara zapota

西班牙人在征服中美洲时发现了这种树，并把它命名为“美洲人心果树”(Sapodilla，来自纳瓦特尔语)。他们把它引入菲律宾，传播到南亚和东南亚，受到当地人喜爱。这种水果果皮粗糙，呈褐色，有点像猕猴桃果皮，略带颗粒状纹路，味道香甜可口，有着麦芽香味，口感有点像梨子。它的果实固然美味，但这并不是它影响全世界的原因。

人心果树在墨西哥南部、危地马拉和伯利兹北部等原生地被称为“糖胶树胶树”(Chicle)，它是一种生长缓慢的常绿乔木，革质叶形成深绿色树冠大而浓密。当粉色内树皮受损时，它就会分泌乳胶，即由微小的有机物物质液滴组成的不溶于水的乳白色悬浮物。成百上千年来，阿兹特克人和玛雅人一直采集这种乳胶，用于制作口香糖，用来清新口腔和止渴。

采集树胶是一项彰显男子气概的工作。采胶人挥弯刀在树上砍下之字形切口，收集大量乳胶，再煮沸使其凝结，并进行提纯。19世纪中叶，一位富有创新精神的纽约人托马斯·亚当斯（Thomas Adams）购买了一批树胶，得知其传统用途后，他将树胶和糖及调味品一起烹煮。20世纪初，大规模商业开发开始兴起。继亚当斯口香糖公司之后，威廉·瑞格利公司(William Wrigley）也步入市场。凭借巧妙的广告和营销手段（口香糖还被纳入美国士兵的配给包)，一个价值数十亿美元的全球产业诞生了。到20世纪30年代，美国每年就要进口8000吨树胶。人心果树不可避免地被过度开采和破坏。但在20世纪40年代，美国军队的长期需求促进了以石油为基础的合成乙烯基替代品的发展。自此以后，几乎所有口香糖的主要成分都变成了石油。现在只有少数几家使用天然树胶的精品制造商，他们的生意支撑了现代采胶人的生活，也给贫穷地区保护树胶森林提供了动力。

人心果树在不同地理位置有着差异极大的文化联系。嚼口香糖在美洲有着悠久的历史，但有些地区却认为这是一种不文明的行为。不过，它那漂洋过海远离原生地的果实的确成为当地人的骄傲。

哥斯达黎加

响盒子

Hura crepitans

在中美洲和南美洲热带地区以及加勒比海部分地区，响盒子树的俗名有“猴不爬”“毒树”“炸弹树”和“沙盒树”等，每个名字都强调了这种树的危险性。

响盒子树的主干能够轻易地长到50米高，但不可被随意触碰，因为每一寸树皮都被粗短锋利的刺精心武装起来，能够对人造成实质性的伤害。不过，用望远镜能安全地欣赏到它的雄花，数百朵深红色小花簇生在15厘米长的悬垂圆锥形花序上，在亮绿色心形叶形成的树冠映衬下鲜艳夺目。

和其他许多大戟科植物一样，响盒子树能分泌腐蚀性的乳白色汁液，几乎能吓退任何想啃食叶子的生物。这种汁液毒性大且见效快，可以用于吹管飞镖。加勒比海土著人曾用它的汁液制造毒箭并用于捕鱼。

这种树与众不同的地方还在于它令人诧异的种子传播方式。大多数风媒植物的种子很轻，即使是微风也能传播，一些甚至进化出翅膀（翅果）。而响盒子的种子必须先在阴暗的森林地面发芽，然后幼苗才能获得阳光照射，所以它们必须携带所需的营养物质。因此，它们长得很大像圆扁扁的豆子，大小和一个一英镑硬币差不多，颜色就像一枚失去光泽的便士。

这些有毒的种子储存在蒴果内。其外形像剥了皮的橘子，分16个部分（心皮），里面装着种子。成熟时，荚果从橄榄绿色变为木质深褐色，垂直直立或水平伸出。当它们的水分流失后，有些部分会比其他部分干燥和收缩得更快，巨大的压力持续累积，直到在炎热干燥的天气里，压力突然释放，果实爆炸开来。伴随着一声巨响，里面的种子被惊人的力量弹射出去。19世纪中叶，一本德国植物杂志报道，一位博物学家把一颗响盒子果实放在玻璃罩中，10年后，“它爆炸的声音就像枪声一样，种子连同玻璃碎片散落整个房间”。

经观测，响盒子种子的弹射速度是每秒70多米，时速240多千米。令人惊叹的是，考虑到空气阻力的影响，它们弹射的角度优化了飞行距离。它们还能像小型飞盘一样旋转，有助于种子飞到45米远的地方，足以确保新生的幼苗不会与母树竞争。

当果实开始成熟，一群群小蚂蚁就会在果实的空隙里定居并养育幼蚁。但这些蚂蚁从来不会破坏果实，大概是因为果实被刺伤后，会分泌出大量腐蚀性黏性乳胶。响盒子树的果实对蚁群来说是一座防守严密、陈设讲究的大厦，为它们提供干燥、舒适、安全的环境，躲避鸟类等捕食者的侵扰。唯一的小缺点是，它们的整个家园随时都可能被炸成碎片。看起来，响盒子树唯一称得上可爱的是它未成熟的果实。18世纪初，人们把它们制作成装沙子的装饰盒子出售，里面的沙子，用来吸附用鹅毛笔书写的纸张上的多余墨水。这种盒子是当时盛行的办公桌装饰品。

响盒子树把自己的种子射向空中。而巴西坚果（参见第181页）则采用了另一种播种方法。

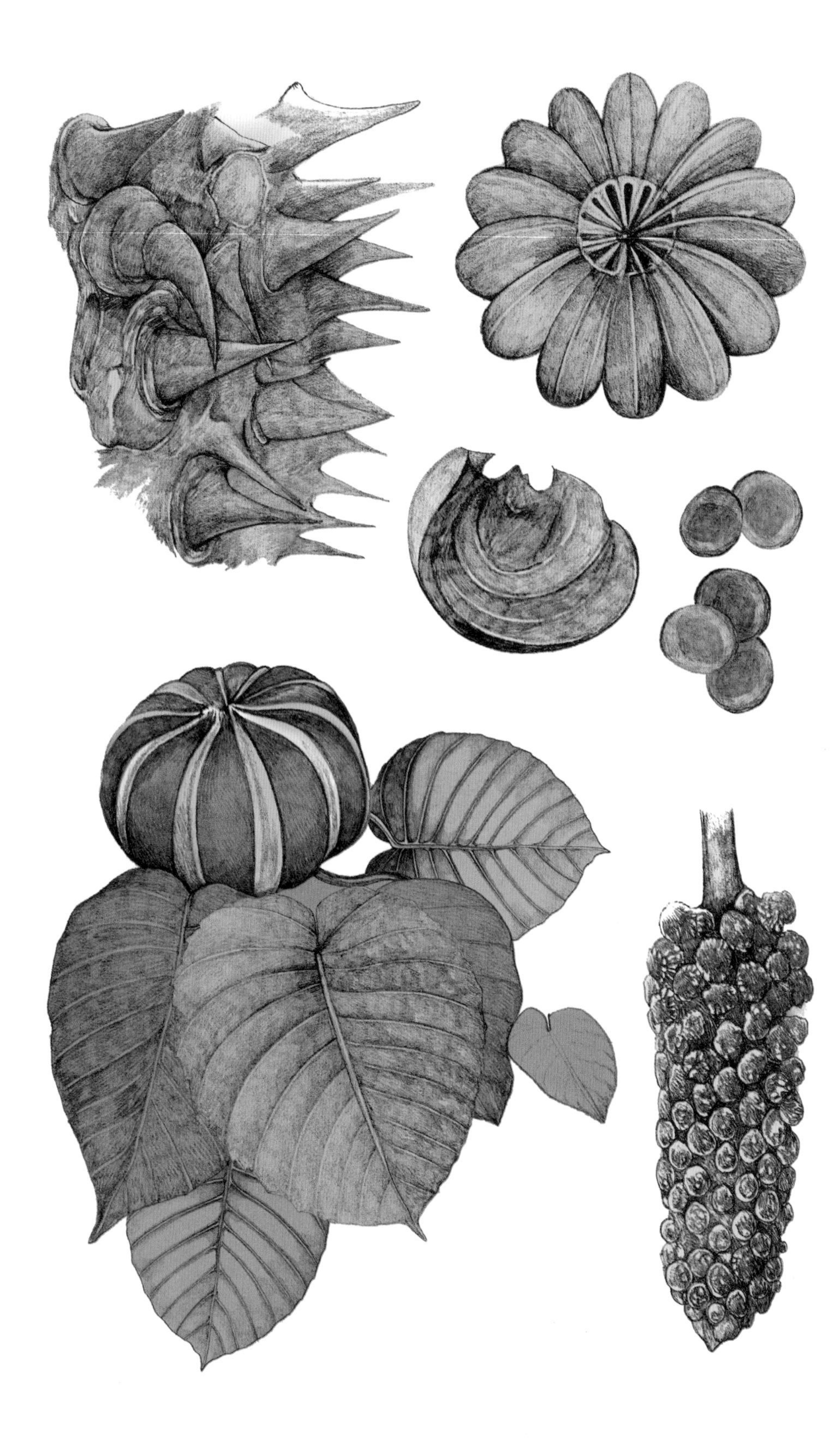

牙买加

面包树

Artocarpus altilis

面包树的野生祖先原产于巴布亚新几内亚及附近岛屿，大约在3000年前被西太平洋的移居者人工培育。这种树现在遍布潮湿的热带地区，它的植物学特征引发了历史上一场著名的兵变。

面包树是壮观的乔木，可达25米高，有着结实的灰褐色树干。它那投下浓密树荫的树冠由深绿色大型叶子构成，叶片通常具深裂，就像法国画家亨利·马蒂斯（Henri Matisse）的版画一样。当树木的任何部分和未成熟的果实被割伤时，都会分泌一种白色黏性乳胶，用途广泛，可用于治疗皮肤病，或者作为船只补漏剂，甚至在夏威夷还用于捕鸟。

它的两性花开在同一株树上，每一个花序都由成千上万朵小花组成，小花附着在海绵状中心上。雄花呈棒状，雌花呈球状，雌花授粉后发育成肉质的可食用面包果。这种果实呈圆形或椭圆形，大小和一个十柱保龄球差不多，呈浅绿色，成熟后变黄，果皮薄而柔韧，表面布满4至7边形瘤状凸体。每一个多边形面，无论光滑还是带刺，曾经都是一朵小花。这种富含淀粉的水果是大洋洲的主食之一，它乳白色或淡黄色的果肉富含碳水化合物和某些维生素。吃法和味道与土豆相似，香味和口感让人想起面包，至少稍微有点像。

面包果要么具有不育且存活周期短的种子，要么没有种子，并且因为树木也不通过根蘖繁殖，所以它们依赖人类通过扦插繁殖。在温暖且雨水充足的环境下，面包树异常多产，3年就可以结果，最终每年能结出200个营养丰富的果实，总共大约有0.5吨重。人类几乎不怎么需要劳作，只需要采摘果实，或者把被风吹落的果实捡起来，避免它们吸引成群的果蝇，被分解成黏糊糊的一团。

1769年，随库克船长进行著名远征的植物学家约瑟夫·班克斯（Joseph Banks）提到塔希提人轻松的生活，说他们无须辛勤耕作庄稼，靠面包树就能繁荣发展。他的描述传到英国殖民地牙买加的种植园主耳中。当时，牙买加的主要出口商品是甘蔗。当地非洲奴隶的主要食物是大蕉和山药，但天气和政治原因严重地影响了它们的供给。种植园主正在寻找易于种植又能给经济作物腾出最好土地的替代品，而面包树听上去是一个理想选择。1787年，在英国政府的资助下，罗伯特·布莱船长（Robert Bligh）指挥“邦蒂号”从英国出发，将塔希提岛的面包树运到加勒比海地区。由于面包树缺乏可存活种子，船员们被迫在岛上待6个月，等待一船的面包树枝条扦插生根。在此期间，他们对岛上生活产生了兴趣，并和当地妇女发生了关系。他们不愿放弃新的生活方式，于是在起航后不久便发生了兵变，把布莱和他为数不多的几个忠诚手下用舢板抛在了海上。尽管历尽艰险，布莱还是活了下来，又从英国调一艘船回到了塔希提岛。1793年，他带着几百棵面包树抵达了牙买加。

当这批树的果实成熟后，它们却一点也不受欢迎。当局和时评人员对此不知所措，但那时，非洲的食品供应恢复了，而拒绝面包果可能是被奴役的人们彰显自己权利的少数几种方式之一。自1962年牙买加独立以来，面包果已经摆脱了与殖民主义的联系，成为牙买加烹饪和烧烤文化的支柱，甚至发展出面包果节。在整个热带地区，面包树苗仍然被分发给独立的发展中国家，用于保障食品供给。

无花果（参见第66页）的叶子也有深裂。

巴哈马

愈疮木

Guaiacum officinale

作为巴哈马的国树，愈疮木美得引人注目，却以“铁石心肠”的硬度著称。它是广受欢迎的街道树，它的枝干靠近地面，通常被修剪成规整的倒金字塔形。在中美洲和加勒比海干燥的低地森林中，稀有的愈疮木古样本枝干盘曲，如果任其生长，它们有可能活上1000年。

愈疮木的“演出”美轮美奂。常绿的桨状复叶闪闪发亮，剥落的树皮呈现出斑斓的色彩，悦目的蓝色或薰衣草紫色花朵锦簇相拥，花期持久，繁茂地点缀着绿叶。随着时间推移，花朵逐渐褪色变白，树木呈现出各种缤纷色彩。随后，第二场幕开始了：一簇簇略带粉色的扁平蒴果逐渐成熟，变为金色。蒴果开裂后露出深红色果皮，肉质果皮包裹着一对乌黑发亮的种子。

愈疮木最非比寻常之处还是它的木材，它也许是世界上硬度和重量最大的木材。因为密度过大，它不能浮于水面。这种木材手感如丝绸般柔软，散发着具有异国情调的香草味，据说阿拉瓦克土著用它来治疗性病。这些奇异之处使16世纪早期的医生认为它有特殊力量，称它为“生命之木”。16世纪20年代，这种木材和树脂粉末价格高得离谱。19世纪之前，它们通常骇人地和汞金属混合在一起使用。如今，巴哈米亚人用愈疮木制造一种据说能壮阳的滋补品。

不过，愈疮木的强度和耐用性是毋庸置疑的。它被出口用于制造拍卖木槌、槌球球棍、研钵和研杵、重量级板球拍，以及英国警察配备的警棍。这种木材具有紧密、交错的纹理，几乎不可能开裂，并且具有无与伦比的耐磨性和防水性，而且油性树脂使其表面具有“自润滑”性。在辉煌的蒸汽时代，这些特性使愈疮木成为驱动世界上最大型船只传动轴轴承的关键材料。这种用途一直持续到20世纪50年代，当时，世界上第一艘核动力潜艇“鹦鹉螺号”（USS Nautilus）也使用了这种轴承。

石榴（参见第107页）以颜色鲜艳、汁液饱满的果肉著称。

加拿大

扭叶松

Pinus contorta var. *Latifolia*

从加拿大西部不列颠哥伦比亚省，沿着落基山脉一直到美国，扭叶松是覆盖这片广阔土地的森林生态系统重要的组成部分。它高大、笔直、纤细，加拿大土著第一民族人用它搭建圆锥形帐篷，后来的定居者用它建造房屋，因此得名“Lodgepole”(意为房屋支柱)。

许多扭叶松球果具有宿存于植冠延迟脱落的特性，它们可以在树上悬挂10年，紧紧地闭合着，由树脂固定，等候森林大火融化封印。如果大火吞噬了母树，储存的种子则安全逃过一劫，落在肥沃的灰烬上，新苗就会赶在其他竞争树种前迅速发芽。

扭叶松是山松甲虫的主要寄主，山松甲虫占领它的领地，并不断地攻击它。夏季，雌甲虫会在树干上钻洞，在内树皮挖出的坑道里产卵。甲虫和蓝变真菌有共生关系，它们藏在甲虫口器的贮菌囊内。当甲虫咀嚼时，这种真菌会在内树皮细胞里大量繁殖，干扰树木的液体流动，并破坏树木产生有毒树脂的正常防御体系。甲虫来去自如，真菌也一样：在甲虫的口器内，它繁殖出孢子，准备在下个夏季随着甲虫去寻找另一棵宿主树。

严寒的冬季几乎杀死了所有甲虫幼虫，健康的扭叶松可以和其他昆虫共存，或者抵御它们的例行攻击。其实，让一些甲虫淘汰掉较虚弱的树，能够保证闪电引发火灾时，有足够的枯木燃烧。这样扭叶松和它们的宿存球果就比其他树种更有优势。然而，全球变暖让过去几十年变得不再寻常。温和的冬季使甲虫数量激增，扭叶松的防御能力也下降了。被真菌感染的树木变成可怕的蓝灰色，针叶变成棕色，曾经健康的树木大批死亡。整整18万平方千米森林受到了影响，这个数字令人触目惊心。加拿大当局准备投资20亿美元来应对这种甲虫，因为其传播已经大大超出了原有范围。我们依赖于化石燃料生产廉价能源，这是情有可原的，但我们也必须为由此引发的气候变化付出代价。

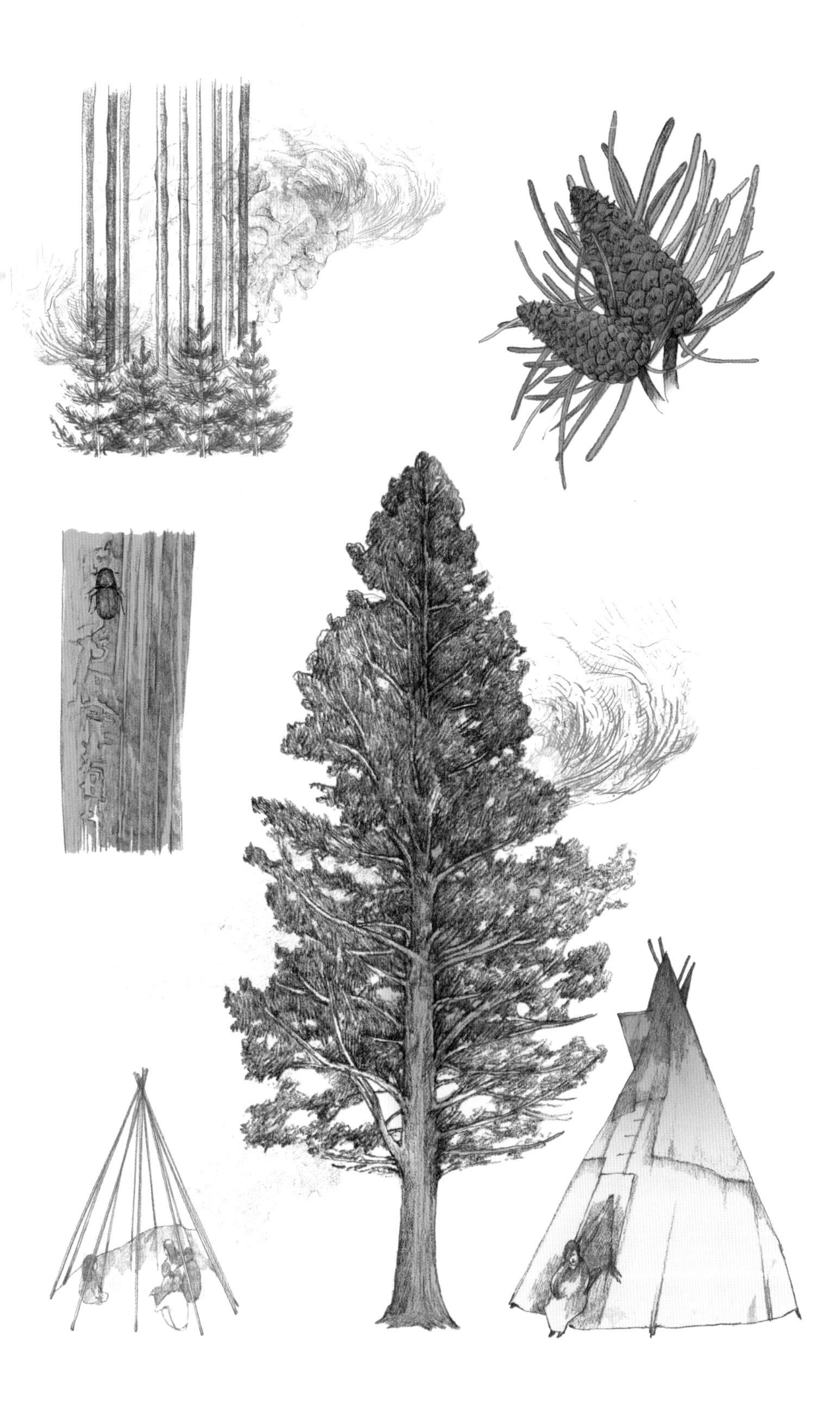

美国

密花石栎

Notholithocarpus densiflorus

密花石栎是常绿阔叶树，生长在加利福尼亚州北部和俄勒冈州南部面朝大海的潮湿山丘上。它同时具有橡树和甜栗树的特性，通常可达50米高，盘曲多瘤节，如果有足够空间，树冠能长得亭亭如盖。厚厚的树皮呈灰棕色，纹路随着年岁增长加深。为了保持水分，新生的锯齿状叶子背面被绒毛。雄花沿着柔荑花序开放，就像手指粗的浓密黄色发辫。一簇簇雌花长在每个柔荑花序基部，发育成外壳坚硬的橡实。成熟后，橡实外壁呈镶边状（而橡树的橡子外壁呈鳞片状），能长到一个小鸡蛋般大小。

历史上，鲑鱼和密花石栎的大橡实是沿海地区印第安人的主要食物。这种橡实含有蛋白质、碳水化合物和大量脂肪，磨碎后泡在水中可做成营养丰富的汤、粥，还可以做面包。但19世纪中叶，橡实被欧洲移民用来喂猪，满足蒸蒸日上的挖金城镇对猪肉的需求。

人和马匹的大量涌入也刺激了皮革需求。为了制造柔软防腐的皮革，人们把生兽皮放入含有单宁的大桶里鞣制。单宁是树木用来驱逐攻击树皮的昆虫和动物的化学物质，密花石栎是单宁最佳的来源，特别是鞣制鞋底或马鞍等重物时。到19世纪60年代，加利福尼亚皮革被运往更远的纽约和宾夕法尼亚的制造商那里。由于对单宁的需求无穷无尽，树木被过度砍伐，导致20世纪20年代单宁匮乏，美国皮革产业日渐衰落。

第二次世界大战后，人们种植密花石栎是为了获得纹理细密的结实木材，但市场更青睐生长快、易加工的针叶树材。在1个世纪里，密花石栎从重要的当地食物来源变得一文不值。林业工人用脱叶剂来对付它们，导致生态系统被破坏，剩余的树木极易受到感染。自20世纪90年代以来，数百万计的密花石栎死于由栎树突死病菌（*Phytophthora ramorum*）引起的“栎树突死病”造成的溃疡病。栎树突死病菌是一种侵入性真菌生物，与19世纪中期在爱尔兰引发马铃薯疫病并引发饥荒的真菌息息相关。

加拿大

西部铁杉（异叶铁杉）

Tsuga heterophylla

西部铁杉是高大的针叶树，生长在凉爽湿润的太平洋沿岸，遍及美国俄勒冈州、华盛顿州到加拿大不列颠哥伦比亚省，是黑熊和世界上最美丽原始森林的家园。从远处就能辨认出它，它主要中部枝梢下垂，褐色树皮上有细纹。在成熟过程中，它会进行自我修剪，脱落树干下部¾处的枝干，形成巨大而笔直的柱形主干。短针叶扁平光滑，每一根背面都有独特的白色带状图案。

这种树的英文俗名（Hemlock）来源于碾碎的叶子散发出的独特鼠臊味，这种气味和剧毒的多年生植物毒参（*Conium Maculatum*）相似，但二者没有什么关系，毒参以毒死苏格拉底而知名，而西部铁杉则因内树皮可食用和治疗各种疾病的效果被西海岸土著居民珍视。它柔软的枝干和羽毛般的树叶被用来制作寝具，弯曲的树干被雕刻成大餐盘，含单宁的树皮可鞣制皮革，还能制成红色染料，用作化妆品腮红的原料。

铁杉林能遮挡大量光线，因此尽管土壤肥沃，生长在铁杉林地面的大型植物只有蕨类，它们能长到人的大腿处高。但这给铁杉繁殖带来了一个问题。虽然铁杉幼苗耐阴，但即使树木被砍伐或被风吹倒，树冠出现缝隙，地下的铁杉种子在蕨类植物的树荫下也很难发芽生长。一些树种通过产出大种子来解决这个问题，它们的种子含有足够营养物质，可以通过自己的力量长高去争夺阳光。但西部铁杉则采用了另一种方法。当一棵大树倒下时其直径足以使水平枝干顶端能远离灌木丛。那里的种子能够从枝干表面冒出，利用真菌分解木材的丰富营养物质生长。幼苗往下扎根，根部在树干和树桩上方和周围延伸。这些新生命从死去的同胞们身上冒出来，并吞噬它们，这种行为有点毛骨悚然，甚至原始野蛮。树根不断生长，枯木逐渐腐烂，新树在厚厚的支撑物上生长壮大。几十年后，生长的植物和碎石填满了这些缝隙，但偶尔也能看到一根饱经风霜的枯树原木，仍然被古老的铁杉紧紧“禁锢”着。

美国

海岸红杉（北美红杉）

Sequoia sempervirens

巨大的海岸红杉原产太平洋西北部多雾的丘陵地带，是世界上最高的树种，也是古老的树种之一。世界上现存最高的树木是一棵叫“许珀里翁”（Hyperion，古希腊神话中泰坦神之一）的海岸红杉，有惊人的115米高。站在树下向上仰望，你可能会好奇，树木的高度究竟有没有极限。其实在历史上，世界上最高的红杉也只有120多米高，其他巨型树种中最高的个体也差不多是这个高度。这纯粹是个巧合吗？为了回答这个问题，我们必须了解水作为树木生命之源的作用，以及水流到树顶的方式。

和其他植物一样，树木的大部分固体物质是由两种简单的成分构成（合成）的：二氧化碳和水。二者反应可能是地球上最重要的化学反应，因为由阳光提供能量，所以得名“光合作用”。树木叶子的每平方毫米面积都有数百个小孔，这些小孔允许周围空气中的二氧化碳进入叶内。但树木把水从根部运输到树顶的唯一方式是，其中一些水通过叶子气孔蒸腾，当叶子表面某些细胞缺水时，它们就会从底下含水量更高的细胞吸收水分，就这样一个接着一个，直到这股拉力到达叶子的导管，从小管中吸收水分。这些小管大概只有1/30毫米宽，通过树木的木质部一路把水运输到上方。

这是一种运输水分的巧妙办法，因为它利用太阳能使树顶的水分蒸腾，而非消耗树木本身的能量。它依赖的是水的一种特性：水是由带强正负电荷的分子构成的，这些分子像磁铁一样紧密相连。水的凝聚力极强，这就是为什么雨水会形成如此整齐的小水滴，为什么一根细水柱能够支撑自己源源不断地往上涌。理论上，树木内部的水柱可以达到的高度极限在120米左右。再高一点，重力就会大于水分子之间的凝聚力，树木顶部就会脱水死亡。原来，树木不能长得更高，是因为物理学的基本定律。

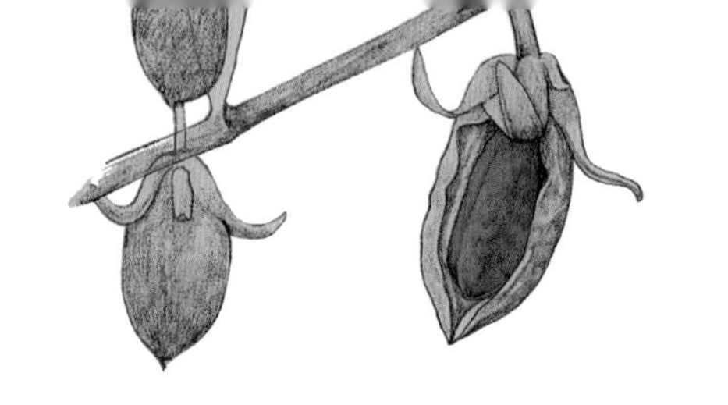

美国

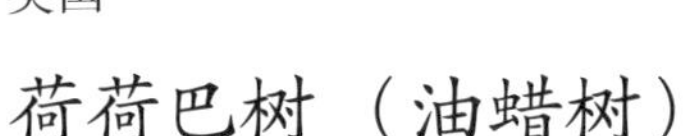

荷荷巴树（油蜡树）

Simmondsia chinensis

虽然荷荷巴树的种加词为*Chinensis*（中国的），但它和中国并没有什么关系，它叫这个名字是因为19世纪一位物理学家误解了一个潦草的标签。荷荷巴树原产墨西哥索诺拉沙漠西部、美国加利福尼亚南部和亚利桑那州。它是低矮的常绿灌木，有时生长繁茂，可高达4米。它能很好地适应沙漠生活，长主根能从10米深的地下吸水，灰绿色的革质叶有一层蜡质，可以减少水分流失。叶子是相连的，在正午的炎炎烈日下，它们直立保持凉爽，使光合作用效率更高。因此，荷荷巴树下的树荫少得可怜（一些具有相同特征的桉属植物也是如此）。这些叶子的位置还形成旋风，将花粉从雄树黄色的花簇上吹到雌树淡绿色的花上。雌树结出的果实的大小与形状和橡子差不多，成熟后变成金黄色。

每颗果实内的种子都含有占其重量一半的黄金油，一种一直以来被用于配制护肤品和护发产品的液蜡。此外，它还是一种高温机器润滑油，用来取代20世纪70年代被广泛禁止使用的抹香鲸油。这一需求使荷荷巴树在炎热干旱国家得以广泛种植。但其种植很难商业化，种植荷荷巴树是一项烦琐的工作。农民必须等待数年，植物才会开花，然后他们必须去除部分不会产生种子的雄树，只留下足够给雌树授粉的数量。

近来，荷荷巴油还被誉为治疗肥胖的潜在药物。奶牛以榨油后的饼粕为食，体重似乎会有所减轻，美洲土著曾用荷荷巴油来抑制食欲，不过只在极度饥荒时期才这样做。虽然尚未有研究表明荷荷巴油提取物无害，也没有获得药用或减肥用途许可，只是有人利用法律漏洞将它作为保健品出售。

荷荷巴树为许多鸟类和其他动物提供了庇护所和食物，但只有“贝利囊鼠”（*Chaetodipus baileyi*）这个名字可爱的物种能够消化荷荷巴果实中的蜡。在包括人类在内的其他物种体内，这种蜡是一种温和的泻药，有助于种子的传播和施肥。

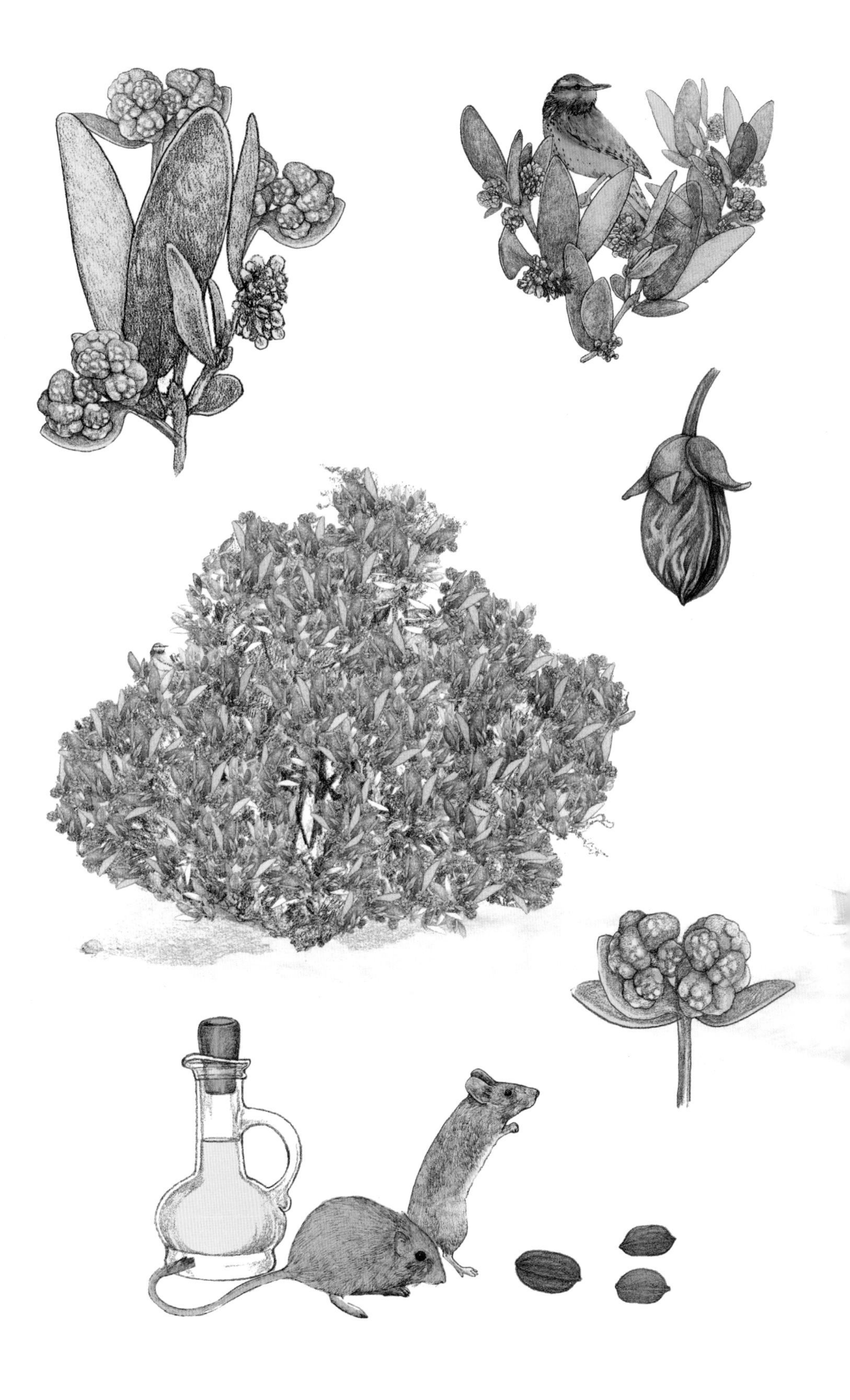

美国

颤杨

Populu stremuloides

颤杨是北美分布最广的树种，它在西部高地地区生长旺盛，尤其是在美国科罗拉多州和犹他州，甚至还被选为犹他州州树。颤杨林美得令人心动。它的叶子随风飞舞，闪闪发亮。叶子表面呈嫩绿色，背面呈浅灰色，秋季时先是转为黄色，然后变成耀眼的金色，在澄澈的山脉晴空的映衬下显得分外灿烂。它的叶柄又长又扁，像丝带一样，因此微风一吹，叶子就会随风飞舞，发出潺潺流水般的柔美声响。没人确切地知道为什么颤杨会进化出随风颤动的叶子。一种理论认为，柔韧的叶柄能够避免颤杨的叶子被山风吹落。另一方面，颤杨树灰白色的树干因为带叶绿素略泛绿，也能进行光合作用。树叶随风不断摇摆，能够让光线穿过茂密的树冠照射在树干上。

颤杨不喜阴，它无法在自己的树冠下繁殖，更不用说和一大片松树竞争生长。但森林火灾过后，它可以在其他物种重现之前迅速占据寸草不生的土地。这就是为什么我们经常看到高度几乎一致的整片颤杨树林同时生长。在西部地区，干燥的气候导致种子很难发芽生长，因此颤杨不再进行有性繁殖，而是直接通过分蘖产生新的植株。正因如此，不同的颤杨树实际上可能是由同一根系发育而来的、基因相同的树，统称“克隆树”。事实上，地球上已知最重的生物有机体可能是犹他州的一片颤杨林，它被亲切地称为“潘多”（Pando，拉丁语意为“我伸展”）。这片树林里有45 000棵树，覆盖面积约0.4平方千米，大概重达6500吨。这个种群（但不是每一棵树）大概有80 000年的历史。

这种繁殖方式的风险是，植物可能因为缺乏遗传多样性无法抵抗疾病或快速适应不断变化的环境。不过，不同颤杨种群的遗传多样性很大，它们也可以恢复有性繁殖。因此，这一物种的进化很成功。我们可能没想到，对大型颤杨种群的主要威胁之一是保护区和有露营地的游览中心。倒不是因为露营的人会对树木做什么，而是因为这些地方的火灾更容易被控制或被扑灭，所以与颤杨竞争生长的耐阴针叶树会更有优势。

美国

黑胡桃

Juglans nigra

黑胡桃原产美国落基山脉以东地区，它雄伟壮观，有巨大的树冠和布满裂纹的深色树皮。4000多年来，土著人一直用它的坚果榨油和获取蛋白质。而数世纪以来，它耐用的巧克力棕色木材一直被过度砍伐，用于贴面和制作家具。

美国每年⅔的黑胡桃坚果来自密苏里州，它们的味道比普通的英国栽培品种更浓郁，但具深纹的外壳非常坚硬，使它很难成为一种休闲小吃。坚硬的外壳是为了防止啮齿类动物啃光下一代的种子。

黑胡桃和军队的多种联系历史已久。它的木材坚固、防震，易于机器加工，抛光后光泽美丽，其质感可以提高手的抓力。在19世纪中期，它成为制作枪托的最佳选择，“肩上扛着黑胡桃”这个表达甚至成了美国人参军的隐喻。

黑胡桃用胡桃醌这种天然除草剂来抑制竞争植物生长，并用单宁驱虫来保护自己。对人类来说，这两种化学物质可以制作染色剂和固色剂，而且方便打包运输。美国内战期间，南方邦士兵用黑胡桃把土布制服染成灰棕色，还用它来制作墨水，给家乡的亲人写信。

第一次世界大战期间，黑胡桃是制作飞机螺旋桨的指定木材，因为它承受重压也不会开裂。到第二次世界大战，黑胡桃木资源已经非常匮乏，美国政府为此开展了一项活动，鼓励个人为了战争利益捐赠木材。与此同时，人们还把研磨成粉状的黑胡桃壳和硝化甘油混合制成炸药。由此看来，黑胡桃木一直被广泛用于制作高档棺材还挺合适的。

侵略性强的天堂树（参见第222页）也能释放削弱对手的化学物质。

美国

代茶冬青

Ilex vomitoria

在欧洲人征服北美之前，代茶冬青（或称印第安红茶）是一种珍贵的商品。土著人甚至不惜长途跋涉去采摘它的叶子。令人不解的是，现代人很少知道和饮用它，这是为什么呢？

代茶冬青是一种常见小型常绿灌木，它是巴拉圭冬青（*Ilex paraguariensis*）和枸骨叶冬青（*Ilex aquifolium*）的“兄弟”。它叶子多刺，枝干簇生累累红色浆果，果实晶莹剔透。从得克萨斯州到佛罗里达州，它一般沿着墨西哥湾在海岸平原的沙地生长。而且它几乎不遭虫害，可能是因为含有咖啡因。

蒂穆夸（Timucua）等美国土著部落常饮用代茶冬青，这种茶里含有咖啡因，正因如此，使这种树对他们来说非常重要。世界上大多数文化都有关于咖啡因的仪式，既有放松身心的休闲饮茶时刻，也有手磨咖啡的热潮以及非洲可乐果的分享。在一些美国土著文化中，男性经常一起饮用代茶冬青，表达和平友好意愿。代茶冬青也常常出现在具有文化意义的大型聚会上。在这种场合里，人们听着音乐，跳着舞，拿着海螺壳畅饮这种红茶。

后来，代茶冬青的故事走向开始变得奇怪。过去，北美和南美的土著人常常进行呕吐净化仪式。但因为代茶冬青在这些地区随处可见，所以欧洲人误把它和呕吐行为联系起来，还给它起了一个与呕吐相关的名字（代茶冬青的种加词“*Vomitoria*”和英文中“Vomit”相似）。其实它并没有催吐效果。此外，欧洲人还把代茶冬青和亡灵仪式联系起来，这进一步加深了他们对它的坏印象。它除了在西班牙人缺乏咖啡的短暂期间流行过，从未在欧洲入侵者或他们的后代间盛行起来。

是时候对代茶冬青进行焕然一新的市场宣传了。它易于种植，可替代茶和咖啡，喝起来有点像乌龙茶，在盲品测试中，它的表现比巴拉圭冬青（马黛茶）等饮品更佳。它的销售在当地被称为“卡西纳”（Cassina），是一种经过品牌重塑的饮品文化。这个词听起来颇具中欧气息，但其实它是现在已经消失的蒂穆夸部落仅存于世的唯一印记。

美国

秃柏或沼泽柏（落羽杉）

Taxodium distichum

美国东南部潮湿的沼泽地是秃柏的领地，它们常在浸水和被洪水淹没的地方大量生长，其他物种在这种地方却可能腐烂、倒下或窒息死亡。秃柏并不是真正的柏树，而是和雄壮的红杉有亲缘关系。它是一种高耸壮观的树木，主干基部膨大凸出，长满提供稳固支撑的板状根。它布满沟纹的深褐色树皮随着年龄增长会变成灰色，变得异常坚硬。而茂密的嫩叶赏心悦目，摸上去像羽毛一般柔软，二者形成鲜明对比。它绿色的球果长在枝干末梢，种鳞精致地相互交错，球果内藏有一种芳香的红色液态树脂。秋季时，它的针叶变成橘红色，最后连同较小枝干脱落，所以得名“秃柏”。这种在泥地里能茁壮生长的树的老龄木材防腐性非常强，所以它曾经被称为“永恒之木”。

生长在潮湿环境中的秃柏长着独特的“膝盖”：主干附近几米的地面或水面上向上伸出垂直生长的中空根系，有时能达到人的高度和宽度。印第安人用这种根来做蜂房，关于它们对树木的作用有着各种各样的推论。这些推论包括：它们有助于稳固树木；它们能储存碳水化合物；它们能阻拦并聚焦水流中漂浮的腐烂植物形成营养富集的固体物或淤泥。这些观点都很有意思，但是缺乏良好的科学证据支撑。

我们可能没想到，虽然树根长在地下，但是它们需要氧气才能正常生长。大多数树木栖息的土地都有足够的裂缝和空间让空气渗透到地下。但沼泽地对树木的根系很不友好。秃柏已经找到一种给浸泡在水中的根系供氧的方法，而这些“膝盖”应该就是解决根部供氧问题的呼吸根结构。2015年，研究人员终于发现，树木根部的氧气含量的确与“膝盖”吸收空气中的氧气有关。不过，即使把这些“膝盖”砍断，秃柏仍然可以生长。也许秃柏最初进化出“膝盖”是为了应对古代生存环境的其他压力，而现在这些压力已经消失了。虽然这些问题听起来可能很深奥，但是寻找答案对我们了解史前时代有一定帮助。

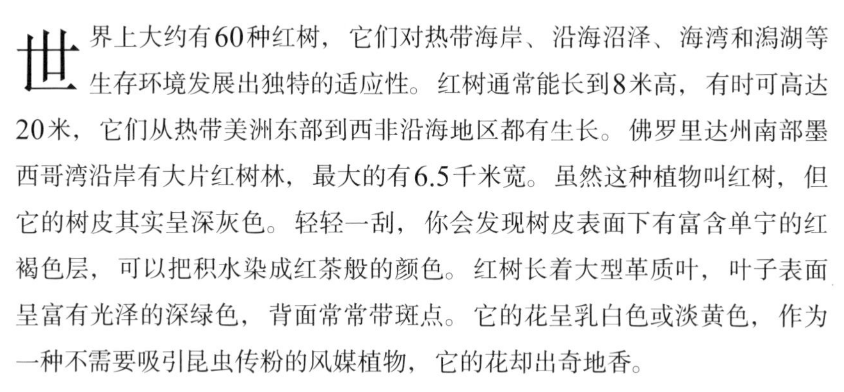

美国

红树（美洲红树）

Rhizophora mangle

世界上大约有60种红树，它们对热带海岸、沿海沼泽、海湾和潟湖等生存环境发展出独特的适应性。红树通常能长到8米高，有时可高达20米，它们从热带美洲东部到西非沿海地区都有生长。佛罗里达州南部墨西哥湾沿岸有大片红树林，最大的有6.5千米宽。虽然这种植物叫红树，但它的树皮其实呈深灰色。轻轻一刮，你会发现树皮表面下有富含单宁的红褐色层，可以把积水染成红茶般的颜色。红树长着大型革质叶，叶子表面呈富有光泽的深绿色，背面常常带斑点。它的花呈乳白色或淡黄色，作为一种不需要吸引昆虫传粉的风媒植物，它的花却出奇地香。

红树是植物界罕见的“胎生”植物。它们的种子还附在树上时就发芽了，胎苗在子叶和坚硬细长的根尖之间长出一根特别长的硬茎（下胚轴）。这些30厘米长的长矛状幼苗被称为“海铅笔”或者“繁殖体”。从树上脱落后，它们会像飞镖一样扎进沙子或泥里，牢牢地固定住，承受潮水的冲刷，然后迅速生长。那些落到水里的繁殖体则在水中漂浮并继续生长，等到接触到水底的那一刻，它们就抓住时机迅速扎根。

红树对水边流沙最明显的适应性结构是它可达数米长的支柱状根，或称“根托”。这些根能够稳固树木，抵御强风和水流，并形成坚固的、密密麻麻的支柱根，这些支柱根相互交错重叠形成网格结构，能够减缓湍急水流并截留沉积物。树根需要氧气，但浸水的泥土含氧量极低。红树有随着潮水涨落张合的气孔，可以实现气体交换，并利用海绵状组织将空气储存起来。

红树的汁液几乎不含盐分，这多亏了它身上利用太阳能运作的海水淡化体系。在阳光照射下，叶子的水分蒸发，树木形成真空结构。在高压作用下，红树通过树根里特殊的薄膜吸收水，过滤盐分。工程师们已经成功模拟这种“超滤”方法并应用于商业海水淡化过程。另一种生长在佛罗里达州的物种——黑红树（黑海榄雌，*Avicennia germinans*）淡化海水的方式则不同。虽然它名字里有个“黑”字，但它的叶子却带着白色粉末状盐粒，这是因为它摄入盐分并设法排出体外，只要稍微舔一下它的叶子就能证实。其他红树林物种还会把盐分转移到最老的叶子上脱落掉。

红树林支撑着许多水生物。它们细长的根伸入亮橙色的闪光苔海绵（*Tedania ignis*）里，为这种生物提供碳水化合物，并获得氮化合物。它们的有机物是螃蟹、软体动物和昆虫的食物。从它们的根系获得庇护和营养的鱼有锯盖鱼、大海鲢和笛鲷等。甚至连鳄鱼、白鹭、海龟、海牛等位于食物链上端的生物，也依赖红树在海洋盐水中茁壮生长并给生态系统提供食物的特殊能力。

红树是世界上适应性较强的生物，但现在它们受到养殖虾业、海岸开发、木炭生产及气候变化的威胁，只能在平均海平面和最高潮汐值之间的狭窄区域生长。如果海平面上升，它们就必须向内陆转移，但那里的空间可能早已被占据。红树林一旦消失，随着时间流逝，潮汐将会侵蚀并重塑海岸，这往往会使它们难以重新生长了。

如果红树得以自由生长，它们不仅能稳固海岸线，抵御风暴潮，而且还能在海洋中发展新陆地。不同品种有着各自不同的生态位，它们可以相互配合。在佛罗里达州，红树支柱根框架结构截留沉积物，为黑红树提供食物和庇护。而黑红树则长出成千上万的气生根，从泥土中垂直伸出吸收氧气。红树和黑红树都能为这个群落增加生物量。白红树（对叶榄李，*Laguncularia racemosa*）等树木在现在的陆地上站稳了脚跟，作为第一批开拓者，红树却在往陆地转移的过程中留在了海岸上。

贝壳杉（参见第160页）的树冠也支撑着一整个生态系统。

美国

天堂树（臭椿）

Ailanthus altissima

天堂树受过珍视，也遭过鄙视。它的学名来自印度尼西亚摩鹿加语（Moluccan ai Lantit），意思是“和天空一样高”。它能迅速地长到25米高，树皮平滑呈灰色，树干呈近规整的圆柱形。叶子为大型阔叶，有40到60厘米长，由几十片较小的复叶组成，给人一种浓厚的热带气息。

这种树原产中国，1820年，当它的种子引入纽约时，以浓密的树荫和富有异国情调的观赏价值给植物爱好者留下了深刻印象。在欧洲和亚洲遍寻可以广泛栽种的适生植物后，美国农业部甚至开始免费分发这个新来物种的种子，这个行为后来变成一件极具讽刺意味的事。随后，在19世纪40年代的淘金热时期，中国矿工带来这种树的种子，栽培它们获得传统中药药材，也作为思乡之情的寄托，因为在中国，这种树是蚕蛾常见的食物。到19世纪中期，它在美国东部的苗圃里变得很常见，因为它随处可生，就算是最不擅长园艺的人也能种好。其实这种现象本该引起警惕。

在大多数欧洲语言中，这种树的名字主要强调了它的高度或生长速度。但在中国北部和中部，它的名字其实叫“臭椿”，意思是令人讨厌的散发臭味的树。揉碎它的叶子或折断它的茎，你就会闻到一股猫尿味，或者说腐臭的花生味。但这还不是最糟的。到了6月，树上冒出一枝枝鲜艳的黄绿色小花，这时一切才真的糟糕透顶：这种树是雌雄异株，雄花散发的臭味能熏倒一头牛，也有人形容这种味道像臭烘烘的运动袜、臊尿，甚至人的精子散发的味道。然而，这种特别的气味对于把花粉从雄花传到雌花上的昆虫来说却是香得令它们沉醉。

夏天，雌树可以产生35万颗种子，每颗种子都位于纤维状的纸质翅膀结构——翅果的中心，成熟时由琥珀色转为深红色。它们掉落时优美地在空中打转，微风吹过就会飞得很远，而且几乎可以在任何地方发芽。这种树很容易占领铁路沿线或建筑工地附近受损的土地，能够应对水泥粉尘和有毒工业废气。它的根系能储存水分，而且耐旱性强，能够在很少有其他植物存活的地方茁壮生长。

正因如此，贝蒂·史密斯（Betty Smith）在她经典的美国小说《布鲁克林有棵树》（1943）中把它作为移民生活的隐喻。在小说中，虽然没有得到赏识，但天堂树仍然努力地朝天伸展，顽强地在恶劣的环境下茁壮生长。正如布鲁克林人常说的，“还有什么可挑剔的呢？”不过，它的确存在许多缺点。

臭椿不仅“吃苦耐劳”，而且侵略性极强，几乎坚不可摧。大多数参考文献主要关注的问题是如何摆脱它。要是砍掉它，它的树桩能以每天2.5厘米的速度再次发芽；要是烧掉或毒死它，它会长出由母树提供部分营养的根蘖，进行自主繁殖。虽然这种树很少能活过50年，但这种根蘖生长能力使它能够无限地自我复制。它的树皮会让树木整形专家患接触性皮炎，发达的树根会破坏地下水道和管道，它还通过自己制造的一种强力除草剂来打败竞争对手，而它自己的幼苗则对这种除草剂免疫。

因为生长肆虐，不讨人喜欢，而且2年树龄就能有性繁殖，天堂树常常被禁止种植。人们也可以用竞争树种和与之共同进化的昆虫来控制它的数量。它太臭名昭著了，有人甚至用“没用的臭椿芽”来形容任性的孩子。然而，在一些园丁的心目中，虽然它备受非议，但却散发着独特的风采。这两种观点都各有道理，因为正如贝蒂·史密斯在她的小说引言里说的那样：“要不是因为它们数量太多，人们会觉得它们很美”。

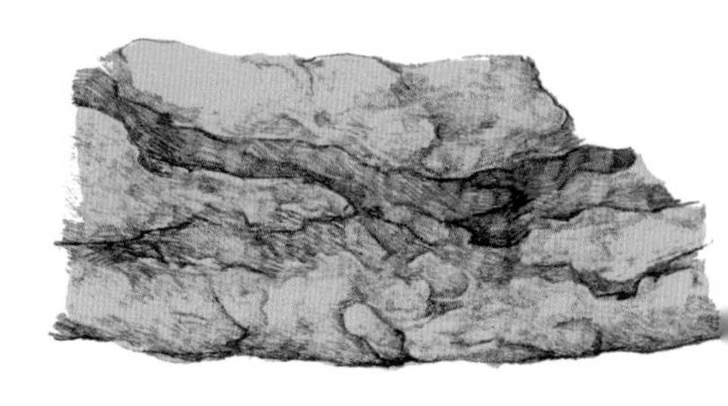

美国

东部白松（北美乔松）

Pinus strobus

美国东北部的东部白松（通常简称为“白松”）最具经济和战略价值的是主干。相对于这种重量的树来说，它的主干坚硬壮实，而且异常挺拔高大。白松已经成为美国独立的象征，不仅因为它在殖民历史上的地位，还因为它是国鸟秃鹰最喜欢的筑巢地。

在生长初期，白松经常在争夺光照的竞争中输给其他树种。但在同类中，它能长到45米高，比森林中其他树木高出一个头或一个肩膀。不过，即使周围都是“高个子”，它也有办法茁壮生长。它擅长从土壤吸收有机氮，降低周围土壤的肥力，这样它就能利用储存的氮化合物追赶超越其他物种。它的枝干几乎是水平生长的，有的稍微向上伸展。随着年龄增长，幼树的金字塔形状变成了稀疏而不规整的形状。它柔软细长的针叶呈蓝绿色，叶片有3面，每一面都有一条白色气孔线，所以树枝在微风中会闪烁迷人的光芒。

和大多数其他针叶树一样，白松还没有进化出利用昆虫来传播花粉的本领。它恣意地产出大量的黄色花粉团随风传播，早期的水手航行经过海岸边时，常常会好奇甲板上掉落的黄色物质到底是什么。

美洲原住民赋予白松许多用途。他们用它的针叶炮制一种含有维生素C的茶来治疗坏血病；用浸泡过的树皮来缓解伤口疼痛；用树脂来做防腐剂；还用树脂来做独木舟上裂缝和接缝的填缝剂，这种独木舟也是他们用火将较矮的白松挖空制造的。

殖民者对这种树则有另外的用途。在航海时代，桅杆越高大坚固，船就能从风中获得越多动力，速度也就越快。无论是运输货物、追击还是打仗，在竞争中，再小的优势也是极其宝贵的。17世纪早期，英国依赖波罗的海诸国制造桅杆，和法国、荷兰以及西班牙展开了激烈的海上竞争。当英国人踏入新英格兰高耸入云的森林时，他们因为发现这一战略性机遇兴奋不已。1634年，第一批100根桅杆水平放置在一艘经过特殊改装的船上，从新罕布什尔运到英格兰。在数十年里，殖民者想出办法让这些重达10吨

的树木倒下时不断裂，并用牛车队和船只运输。他们靠卖白松木桅杆发财，与此同时，他们还兴建了密密麻麻的锯木厂，用这种白色木材建造房子和教堂。这些大型白松以惊人的速度消耗着。

桅杆在英国皇家海军保持主导地位和国家繁荣上扮演着至关重要的角色，因此在17和18世纪，英国议会及其代理人通过严格的法规，规定白松所有权归国王所有。调查人员在最好的白松主干上留下了国王的宽箭头标记，砍树者将受到严厉的惩罚。看着这些高价值的树木近在咫尺却触碰不得，移民者产生了强烈不满。砍伐白松成了反抗英国统治的最初行动之一。1774年，国会禁止了白松出口。2年后，殖民地的军舰桅杆上悬挂起一面有白松图案的旗帜，这在独立战争中象征着力量和反抗，令他们的敌人们一望便知其中的含义。

PURE
Maple Syrup
540ml
PRODUCT OF QUEBEC

加拿大

糖枫树（糖槭）

Acer saccharum

糖枫树与加拿大魁北克省、安大略省及美国佛蒙特州的联系非常紧密。它以淋在煎饼上的美味糖浆闻名，以硬得可以制作棒球棒的木材而众所周知，还以自豪地大喊着“加拿大！”的叶子家喻户晓。而罕为人知的是，为什么该地区的树，特别是枫树，会呈现出如此绚丽灿烂的秋色。

叶子是利用阳光驱动化学反应，把二氧化碳和水转化为糖类的化工厂。为了实现这种光合作用，植物合成亮绿色的叶绿素。叶子还会合成橙色的胡萝卜素和黄色的叶黄素等抗氧化物质，抑制光合作用的副产品——高活性氧，并通过把不同颜色的光引到叶绿素分子上来充分利用太阳光。

那些耀眼的黄色和橙色其实一直都藏在叶子里，只是被绿色的叶绿素掩盖了。到秋天，树木的生长速度放缓，它们开始回收利用可能在下一年派上用场的物质。由于叶绿素被分解和重新吸收，叶子的绿色就消失了，留下了橙色和黄色。与此同时，树木产生了红色和紫色的花青素。就这样，叶子的颜色变了。

此外，北美东部的枫树还在这个魔术表演中加上了一个绚丽的手法。随着枫叶凋零，叶子中尚未被重新吸收的糖类逐渐变成亮红色的花青素。这个过程需要当地典型的秋季气候才能完成。凉爽结霜的夜晚可以减缓糖类的分解过程，而明媚温暖的白天可以促进花青素产生。如果昼夜温差不够大就无法产生足够多的花青素。这就是为什么同样的枫树树种，如果种在气候条件更温和的地区，就无法那么灿烂夺目的原因。

枫叶成熟后变红，而菩提树（参见第122页）的嫩叶就是红色的。

植物探索指南

我住在邱园（英国伦敦皇家植物园）壮观的活标本园附近，一年四季可以欣赏到许多不同的物种。我建议你从参观植物园开始树木探索之旅，这样一来，无须高昂的旅行费用，你就能观赏世界上大部分地区的各类树木。如果你想找到离你最近的植物园，请登录国际植物园保护联盟的网址bgci.org。另外，大多数植物园都有热情的工作人员和有用的文献材料。

为这本书做研究时，我查阅了许多期刊和学术论文。由于这本书并不是学术著作，所以我没有附上详尽的参考文献列表。但如果你有兴趣，我在此向你推荐一些资源。列表上的大多数出版物都在书店有售，只有少数可能需要到图书馆借阅或到二手书店淘。一些书的标题无法简明扼要地反映其主题，还有一些书附上简短的描述可能会有帮助，我都一一做了注释。

注：因为很多参考书没有中译版，需要查找原文资料，所以保留原文信息。

致所有兴趣盎然的普通读者

Trees: Their Natural History, Peter A. Thomas (Cambridge University Press, 2014)
如果你想了解植物活动方式和内容的科学，这是我找到解释得最清楚的资料。

Between Earth and Sky, N. M. Nadkarni (University of California Press, 2008)
以引人入胜的方式将人文与科学结合起来。

The Forest Unseen, D. G. Haskell (Penguin Books, 2013)
对一平方米田纳西州老龄林细腻而富有诗意的观察。

The Tree: Meaning and Myth, F. Carey (The British Museum Press, 2012)
从文化角度入手，涵盖了约30个有趣的物种，文本和插画都不错。

深入探究

如果你还想了解更多知识（当然啦！）

Biology of Plants (7th Edition), P. H. Raven, R. F. Evert and S. E. Eichhorn (W. H. Freeman and Company, 2005)
我最推荐的植物科学综合教材。

The Plant-book, D. J. Mabberley (Cambridge University Press, 2006)
对物种一一做出注解，非常全面，但只适合狂热的植物爱好者。

The Oxford Encyclopedia of Trees of the World, ed. B. Hora (Oxford University Press, 1987)

International Book of Wood (Mitchell Beazley, 1989)

The Life of a Leaf, S. Vogel (University of Chicago Press, 2012)
包含许多餐桌科学，这在针对成年读者的书中并不常见。

按地理位置分类

欧洲

Arboretum, Owen Johnson (Whittet Books, 2015)
生动地介绍了英国和爱尔兰本土和外来物种及其历史。

Flora Celtica, W. Milliken and S. Bridgewater (Birlinn Limited, 2013)
介绍了苏格兰的植物和人。

地中海地区

Trees and Timber in the Ancient Mediterranean World, R. Meiggs (Oxford University Press, 1982)

Plants of the Bible, M. Zohary (Cambridge University Press, 1982)

Illustrated Encyclopedia of Bible Plants, F. N. Hepper (Inter Varsity Press, 1992)

非洲

Travels and Life in Ashanti & Jaman, R. Austin Freeman (Archibold Constable & Co, 1898)
奥斯汀·弗里曼（Austin Freeman）是西非的一名探险医生。他生动的叙述和开明的态度远远领先于所处的时代。

People's Plants: A guide to useful plants of Southern Africa, B-E. van Wyk and N. Gericke (Briza Publications, 2007)

印度

Sacred Plants of India, N. Krishna and M. Amirthalingam (Penguin Books India, 2014)

Jungle Trees of Central India, P.Krishen (Penguin Books India, 2013)

东南亚

A Dictionary of the Economic Products of the Malay Peninsula, I. H. Burkill (Crown Agents for the Colonies, 1935)
一部不朽的著作，描述了大量树种及其用途，并对英国做了同样详尽的介绍。

Fruits of South East Asia: Facts and Folklore, J. M. Piper (Oxford University Press, 1989)

A Garden of Eden: Plant Life in South-East Asia, W. Veevers-Carter (Oxford University Press, 1986)

On the Forests of Tropical Asia, P. Ashton (Royal Botanic Gardens Kew, 2014)

北美洲

The Urban Tree Book, A. Plotnik (Three Rivers Press, 2000)

大洋洲

Traditional Trees of Pacific Islands: Their Culture, Environment, and Use, C. R. Elevitch (PAR, 2006)

按主题分类

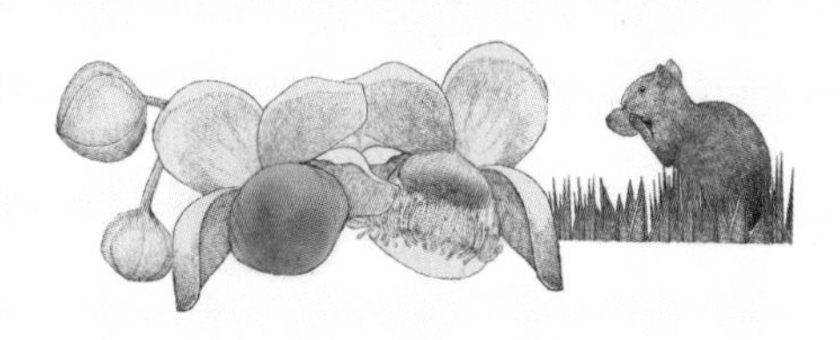

生物多样性和动植物关系

Sustaining Life: How human health depends on biodiversity, E. Chivian and A. Bernstein (Oxford University Press, 2008).
地球上所有政治家和政策制定者的必读书目。

Leaf Defence, E. E. Farmer (Oxford University Press, 2014)

Plant–Animal Communication, H. M. Schaefer and G. D. Ruxton (Oxford University Press, 2011)

颜色

Nature's Palette, D. Lee (University of Chicago Press, 2007)
一本关于植物颜色科学的趣味读物，幽默风趣，观点清晰，科学性强。

经济植物学

Plants in Our World, B. B. Simpson and M. C. Ogorzaly, 4th edition (McGraw-Hill, 2013)
关于人类应用植物的综合性杰出著作。

Plants from Roots to Riches, K. Willis and C. Fry (John Murray, 2014)

林业和林学

The New Sylva, G. Hemery and S. Simblet (Bloomsbury, 2014)
对约翰·伊夫林（John Evelyn）1664年的著作《森林志》的现代阐述。

The CABI Encyclopedia of ForestTrees (CAB International, 2013)

A Manual of the Timbers of the World, A. L. Howard (Macmillan and Co., 1920)

医药

Medicinal Plants of the World, B-E. van Wyk and M. Wink (Timber Press, 2005)

Mind Altering and Poisonous Plants of the World, B-E. van Wyk and M. Wink (Timber Press, 2008)

奇异植物

Bizarre Plants, William A. Emboden (Cassell & Collier Macmillan Publishers Ltd., 1974)

Fantastic trees, Edwin A. Menninger (Timber Press, 1995)

The Strangest Plants in the World, S. Talalaj (Robert Hale Ltd., 1992)

社会和文化历史

Compendium of Symbolic and Ritual Plants in Europe (originally *Compendium van RitueLePlanten in Europa*), M. De Cleene& M. C. Lejeune (Man & Culture Publishers, 2003)

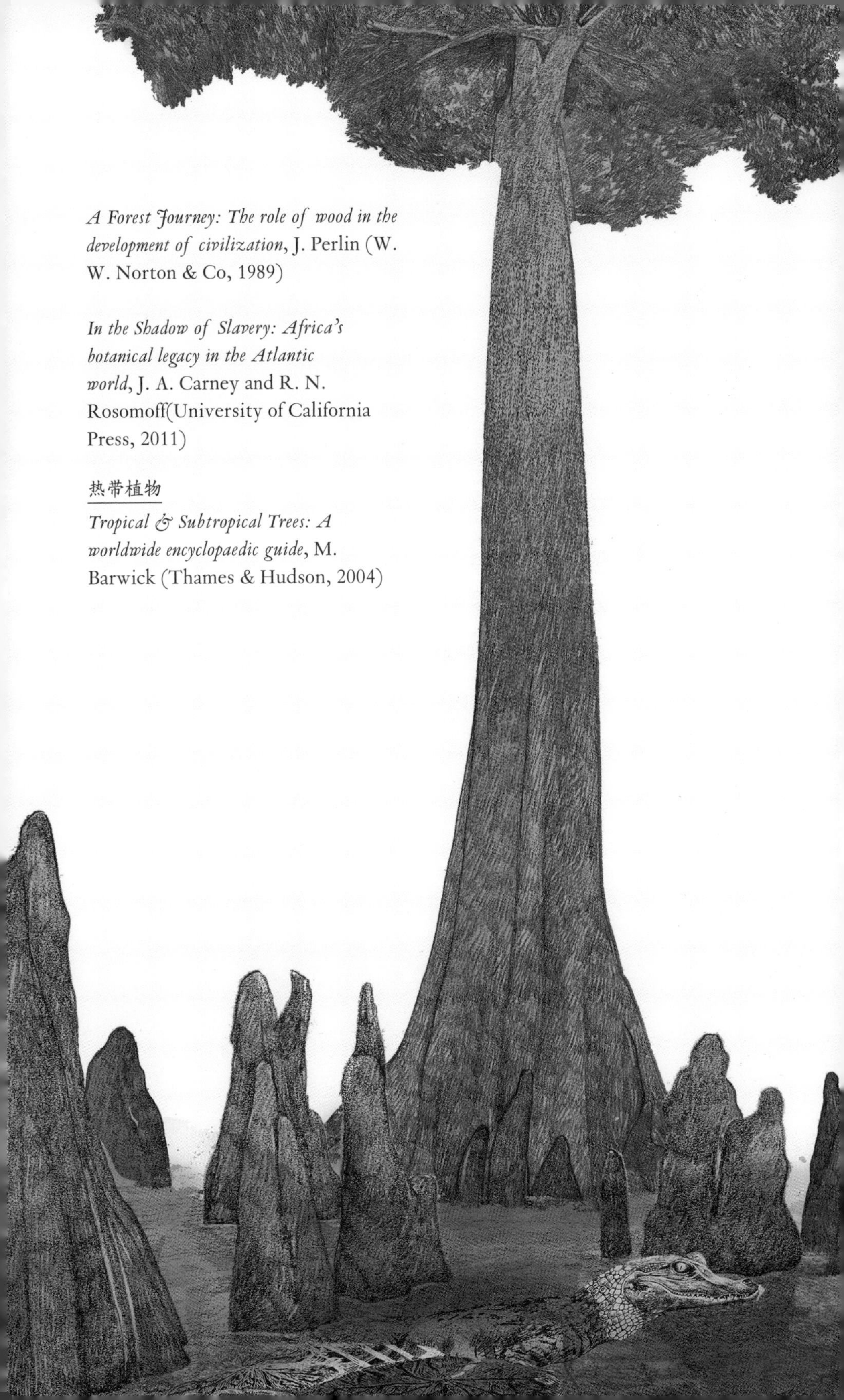

A Forest Journey: The role of wood in the development of civilization, J. Perlin (W. W. Norton & Co, 1989)

In the Shadow of Slavery: Africa's botanical legacy in the Atlantic world, J. A. Carney and R. N. Rosomoff(University of California Press, 2011)

热带植物

Tropical & Subtropical Trees: A worldwide encyclopaedic guide, M. Barwick (Thames & Hudson, 2004)

更专业的资料

有许多关于某个属甚至某个种的书籍，以下是一些特别值得一读的：

A Book of Baobabs, Ellen Drake (Aardvark Press, 2006)

Betel Chewing Traditions in SouthEast Asia, D. F. Rooney (Oxford University Press, 1993)

Black Drink: A native American tea, C. M. Hudson, ed. (University of Georgia Press, 2004)
关于代茶冬青（Ilex vomitoria，或称印第安红茶）不同方面的论文。

The Story of Boxwood, C. McCarty (The Dietz Press Inc., 1950)

Devil's Milk: A social history of rubber, John Tully (Monthly Review Press, 2011)

The Tanoak Tree, F. Bowcutt (University of Washington Press, 2015)

The Fever Trail: The hunt for the cure for malaria, M. Honigsbaum (Macmillan, 2001)

Chicle: The chewing gum of the Americas from the ancient Maya to William Wrigley, J. P. Mathews and G. P. Schultz (University of Arizona Press, 2009)

Handbook of Coniferae, W. Dallimore and B. Jackson (Edward Arnold & Co., 1948)

Sagas of the Evergreens, F. H. Lamb (W. W. Norton & Co. Inc., 1938)

免费的网络资源

plantsoftheworldonline. org

由邱园创建的网站，详细地介绍了成千上万个物种，提供了很好的入门知识。

agroforestry.org

专门介绍太平洋植物。

ARKive.org

对了解濒危动植物物种特别有帮助。插画和文字都很出色。

anpsa.org.au

澳大利亚本土植物协会。

bgci.org

国际植物园保护联盟，试试点击Garden Search发现当地植物资源。

conifers.org

裸子植物数据库：提供关于针叶树及其盟友的信息。

eol.org

生命百科全书：涵盖每个已知物种的条目，附有关键特征、地图和照片。

globaltrees.org

有一个介绍濒危物种的版块。

LNtreasures.com

现存国宝：发现所有国家特有的动植物物种。

monumentaltrees.com

可以通过查看世界地图找到任何物种的优秀树种。

naeb.brit.org

美洲本土植物学：虽然用户界面操作不简单，但还是值得收藏，可以找到许多当地人对植物的用途。

nativetreesociety.org

主要介绍了北美物种，但也包括许多关于文化的讨论。

onezoom.org

神奇地描绘了所有树木生命和种群间关系，操作便捷，能够带来好几个小时的乐趣。

plants.usda.gov

美国农业部：介绍了许多本地物种的特征和分布。

sciencedaily.com

提供经过精挑细选的质量上乘、可读性强的最新科学研究报告，并且附有许多植物故事。

TreesAndShrubsOnline.org

由国际树木学协会创建的网站，对温带植物进行了详尽的描述。

wood-database.com

即自然资源保护署木材数据库，提供关于经济树种及木材的信息。

索引

拉丁学名索引

名词索引

插画家介绍

露西尔·克莱尔（Lucille Clerc）是一名法国插画家，她在位于巴黎的法国国立高等应用艺术学院（ENSAAMA）获得视觉传播高等应用艺术本科学位，在位于伦敦的中央圣马丁学院（Central Saint Martins）获得传播设计硕士学位，随后成立了自己的工作室。她主要从事编辑设计，但也涉足室内设计和装置项目。在过去2年里，她与伯鲁提品牌、迪奥品牌、DC漫画公司、法罗和鲍尔涂料公司、福特纳姆和玛森百货公司、巴黎酒店、马莎百货公司、维多利亚和阿尔伯特博物馆、温莎和牛顿颜料公司、历史皇家宫殿组织等都有过合作。她大部分作品是通过手绘和丝网印刷手工完成的，许多个人作品灵感都来自伦敦及自然和城市之间的关系。

作者的致谢

我的编辑萨拉·戈尔德史密斯（Sara Goldsmith）满足了首次出书的作者，或者说任何作者的所有期望——她回复及时，幽默风趣，坚持保证质量，展现出敏锐的判断力和过人的智慧。我一直觉得进行关于树木的研究和写作是一种乐趣，而她让这个项目进一步成为一种莫大的快乐。我也非常感谢露西尔·克莱尔，并且敬佩她的才华和耐心。我希望你像我一样，觉得她的插画很好地补充了文本。马苏米·布里佐（Masumi Brizzo）和费利西蒂·奥德里（Felicity Awdry）也作出了许多贡献，帮助我将这本书变成一件具有和谐美的艺术品。

邱园图书馆和档案馆的工作人员为我提供了许多高效的帮助，特别是安妮·马歇尔（Anne Marshall）。我特别要感谢我在邱园的科学家朋友们——乔·奥斯本（Jo Osborne）、斯图尔特·凯布尔（Stuart Cable）、乔纳斯·米勒（Jonas Mueller）和马克·内斯比特（Mark Nesbitt）（经济植物学的元老级人物），以及伊甸园工程的迈克·蒙德（Mike Maunder），他们慷慨地抽出个人时间阅读我的手稿。如果书中有什么不足，那都是我自己的错。

和邱园、林地信托基金会和世界自然基金会保持密切联系是我的荣幸。这些组织的工作人员把工作做得很好。我鼎力支持他们的工作，希望你也是。

我做的大部分工作是描述他人的工作。数世纪以来，科学家和历史学家们孜孜不倦地观察、收集、组织和研究他们的领域，把一块块人类知识积累起来汇到一起。没有他们，这本书就不可能问世。

我的妻子特蕾西（Tracy）和儿子雅各布（Jacob）容忍了我对树木做的所有疯狂事和无穷无尽的热情，甚至对此也很感兴趣。哈！就像我的父母传染我那样，他们现在也被我传染了。